U0210592

编委会

吴忠马月坡寨子
修缮工程报告

WUZHONG MAYUEPO ZHAIZI
XIUSHAN GONGCHENG BAOGAO

任淑芳 王海明 / 主编

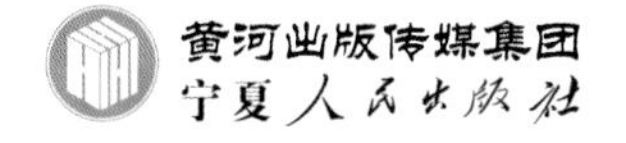

图书在版编目（CIP）数据

吴忠马月坡寨子修缮工程报告／任淑芳，王海明主编 .-- 银川：宁夏人民出版社，2021.12
ISBN 978-7-227-07609-4

Ⅰ.①吴… Ⅱ.①任… ②王… Ⅲ.①民居—古建筑－修缮加固－研究报告－吴忠 Ⅳ.①TU746.3

中国版本图书馆 CIP 数据核字（2022）第 028140 号

吴忠马月坡寨子修缮工程报告　任淑芳　王海明　主编

责任编辑　陈　晶
责任校对　杨敏媛
封面设计　石　磊
责任印制　侯　俊

黄河出版传媒集团
宁夏人民出版社 出版发行

出 版 人　薛文斌
地　　址　宁夏银川市北京东路 139 号出版大厦（750001）
网　　址　http://www.yrpubm.com
网上书店　http://www.hh-book.com
电子信箱　nxrmcbs@126.com
邮购电话　0951-5052104　5052106
经　　销　全国新华书店
印刷装订　宁夏凤鸣彩印广告有限公司
印刷委托书号　（宁）0027437

开本　720 mm × 980 mm　1/16
印张　15.25
字数　250 千字
版次　2023 年 9 月第 1 版
印次　2023 年 9 月第 1 次印刷
书号　ISBN 978-7-227-07609-4
定价　116.00 元

序

癸卯年初，新冠疫情阴霾渐散，百业渐兴。吴忠市文物管理所任淑芳、王海明主编的《吴忠马月坡寨子修缮工程报告》付梓出版，顿觉欣喜，热忱祝贺。这是吴忠市文管所继《百年董府修缮工程报告》出版之后又一本关于文物古建筑的修缮报告，也将为宁夏文物保护修缮技术研究提升发挥强有力的带动作用。

吴忠历史源远流长，人类活动肇始于旧石器时代晚期。历史上的北地、眗衍、富平、薄古律、回乐、灵州等古地名串联了吴忠的区域发展史。今日吴忠之名，始于明代的吴忠堡，是当时宁夏堡寨以人命名的代表性城堡之一，因其地处“塞上江南”宁夏平原的腹地，至清代后期已发展成为西北地区重要的物资集散地和商埠重镇，具有“天下大集”“水旱码头”的美誉。因而，各地商贾云集，极其繁盛，兰州、武威等地的商人将货物顺黄河水运而下，在吴忠聚散。平凉、天水、包头等地的商人则从旱路将货物云集吴忠进行交易。民国年间，吴忠堡有大小商行百十户，实力较为雄厚的有八大商号，马月坡的“福兴奎”是其中之一。

马月坡（1900—1966），本名马占元，字月坡，少时随父马明生从事农耕和小商业，继承家业，经营“福兴奎”商号，生意涉及陕西、甘肃、青海、新疆、内蒙古、北京、天津等地，兴盛时期，分别在吴忠、包头、天津三地设分号和货栈。新中国成立之初，马月坡响应党和政府的号召，舍弃天津、包头的庞大产业，回到吴忠兴办工商业，入股建设吴忠电厂、棉织厂、百货公司等，为吴忠工商业的发展作出了巨大贡献。马月坡寨子就是其私人宅邸，始建于20世纪20年代，至今已有百年历史，是吴忠城区保存下来为数不多的堡寨式民居建筑，难能可贵。又因年久失修，其主体院落大部分拆除，保留下来的一段寨墙和西三合院出现地基下沉、雕刻脱落、梁架错位、墙面剥蚀等险情，濒临自然消亡的厄运。

党的十八大以来，中国特色社会主义进入新时代，习近平总书记关于文物工作的系列重要指示，为文物管理、保护、研究和利用指明了方向，提供了遵循。马月坡寨子保护利用迈入新阶段，在前期文物保护“四有”建设的基础上，2018年8月，吴忠市文物管理所委托河南园冶古建园林工程设计有限公司对其进行全面勘察，完成勘察测绘，制定修缮设计方案。2020年6月，自治区文物局批准《宁夏回族自治区吴忠市马月坡寨子修缮工程勘察设计方案》，明确了马月坡寨子的保护利用框架和修缮原则目标。2021年7月，修缮工程正式开工，经过全体设计、施工、监理人员通力合作，辛勤工作，11月圆满竣工。

马月坡寨子作为宁夏清末、民国年间民居建筑的代表，不论建筑风格，还是砖雕、木雕的精美度都堪称宁夏民居之首。这次修缮工程是马月坡寨子三合院建成以来第一次全面维修，其设计、施工资料弥足珍贵。工程竣工后，任淑芳、王海明等同志开始整理编撰《吴忠马月坡寨子修缮工程报告》，全书包括五个篇章和附录，系统完整地记录马月坡寨子民居建筑保护维修的全过程，资料丰富、内容翔实、脉络清晰，不啻为宁夏第一部关于文物民居建筑修缮的资料汇编，具有很高的史料价值和修缮技术参考价值。

任淑芳、王海明同志自大学毕业就进入文物保护部门工作，三十多年如一日，在平凡的岗位上勤奋工作，孜孜以求，为吴忠市文物保护事业作出了突出贡献。文物作为传承优秀传统文化的重要载体，是人民群众正心修身、涵养道德，树立文化自信的根本。文物保护利用，让文物活起来，助推经济社会发展，传承中华优秀传统文化。如今，全区文博行业认真贯彻“保护第一，加强管理，挖掘价值，有效利用，让文物活起来”的新时代文物工作方针，全力推进文物工作再上新台阶，还望任淑芳、王海明两位同志一如既往，不坠青云之志，为文物助力黄河流域生态保护和高质量发展先行区、铸牢中华民族共同体意识示范区、乡村全面振兴样板区建设奉献力量，为讲好黄河宁夏文物故事再立新功。

是为序。

马建军

书于癸卯年闰二月　银川

目录

第一篇　修缮工程概述

第二篇　勘察测绘研究概况

第三篇　修缮工程勘察

第四篇　修缮工程设计

第五篇　工程实施情况

附　录

第一篇

修缮工程概述

第一章　文物地位和马月坡其人

第一节　概　况

马月坡寨子是吴忠知名商人马月坡的私宅，是宁夏目前为数不多的民国时期民居建筑。寨子建于20世纪20年代末期，位于利通区金星镇马月坡寨子文化广场。初建时，整体建筑坐北朝南，呈长方形，由护寨壕沟、寨墙、寨内三合院及驼棚、货场等组成，总占地面积约7200平方米。寨墙东西宽78米，南北长93米，高7.5米，墙基宽3.6米，以黄土夯筑，四角建有角亭，墙外环绕护寨壕沟，南墙正中开寨门，门楣上悬挂“耕读传家”四字匾额。寨内建筑布局分前、后两院，前院为驼棚、货场；后院为东、西三合院和客房，高出前院1.2米，呈“品”字形排开，为一正两厢格局，共有房屋60多间。马月坡寨子真实再现了民国时期西北民居的建筑风貌，集结构精巧、风格独特、工艺精湛、美观实用于一体，是当时当地人民生

马月坡寨子旧照

马月坡寨子三合院俯瞰图

产、生活最真实的实物见证，具有重要的历史、艺术、科学价值。2005年9月，被自治区人民政府公布为自治区级重点文物保护单位。

第二节　建筑风格

三合院式民居是我国北方民居建筑类型之一，这种建筑主要由三幢房屋组成一个“凹”字形平面，分封闭式和开口式两种，建筑材料或砖或木，因地制宜。一般坐北朝南，北面正中为堂屋，左右分别为客厅和粮仓；东厢房作厨房和餐厅，西厢房为卧室。四周砌护围墙或筑墙将东、西厢房连接起来，在围墙或连墙同堂屋相对处开门的为封闭式三合院，无围墙或连墙的为开口式三合院。中间的空地主要用作晒场，也有在周边种植花草果木的。

马月坡寨子是中国乡村的传统院落住宅，采用土木框架式，先用木质的立柱、横梁构成房屋的骨架，后在梁下砌土坯墙，榫卯处理合理。尤其是采用挑梁减柱法，巧妙地利用三角支撑原理，既实现了力的转嫁，又节省了立柱，还不影响采光，可谓一举三得，展示了民居建筑设计的精华。屋面平顶，梁、檩、椽、席、苇帘、麦草、草泥，为吴忠传统屋顶结构和工艺。有廊，垂花木刻；门墙均为砖雕墙，山墙和后墙为土坯砌筑，墙面抹草泥、白灰；地用传统青灰方砖或条砖平铺；门前阶条石为砂石砌筑；门为双扇棋盘门，窗为“万”字或“回”字纹棂格，饰以各种窗花。现存西三合院由堂屋和东、西厢房组成，堂屋面阔3间，进深3间，带东、西耳房和北面夹道，有东、西厢房各5间。三合院运用雕、刻、塑等传统建筑工艺，融合了当地民居的装修手法，真实地反映了民国时期吴忠堡寨建筑的工艺技术和民俗特色，是珍贵的民间建筑文化遗产。

第三节　本体建筑及附属文物

一、寨墙

原寨墙东西宽78米，南北长93米，高7.5米，墙基宽3.6米。墙体采用版筑法，以板为模，填土夯实，筑成夯土墙。夯层厚8—10厘米，层间夹麦秸、芦苇等。四角砖罩马面，建角亭。现存寨墙长41.6米，底宽3.4米，顶宽2.76米，高4.5米。

马月坡寨子复原图

寨　墙

二、前院

前院占地约4500平方米，建货场和驼马棚道，东南角砌筑可上寨墙的台阶式马道，现已无存。

三、后院

后院为住宅，占地约2700平方米，分前、后两排，前排为一字排开的客房，后排为两座结构相同的三合院。现仅存西三合院，其他无存。

西三合院平面呈长方形，占地面积610平方米，院内有上房7间，东、西厢房10间。

后 院

第四节　马月坡生平

马月坡（1900—1966），回族，本名马占元，字月坡，原金积县汉伯堡乡廖桥村（现吴忠市利通区马莲渠乡廖桥村）人。马月坡少时聪慧过人，跟随其父马明生从事农耕和小商业经营。青年时，继承家业，广开工商之路，大胆经营商号“福兴奎”，不断扩展经营地域，生意涉及陕西、甘肃、宁夏、青海、新疆、内蒙古、北京、天津等省市。他长期从事长途贩运，收购羊毛、羊皮、枸杞等特产，用驼队运往包头，再转道绥远、张家口到达京津地区，宁夏产皮毛还通过天津港出口到日本。同时运回绸缎布匹、金银首饰及日用百货等商品，使“福兴奎”成为吴忠堡最具影响力的八大商号之一。生意兴盛时期，马月坡分别在吴忠、包头、天津三地设分号和货栈，并修建了样式相近的三处豪宅。新中国成立之初，马月坡响应党和政府的号召，舍弃天津、包头的庞大产业，回到家乡兴办工商业。1953年，与吴忠知名商人李凤藻、何义江、马五洲等人筹资兴建吴忠

马月坡

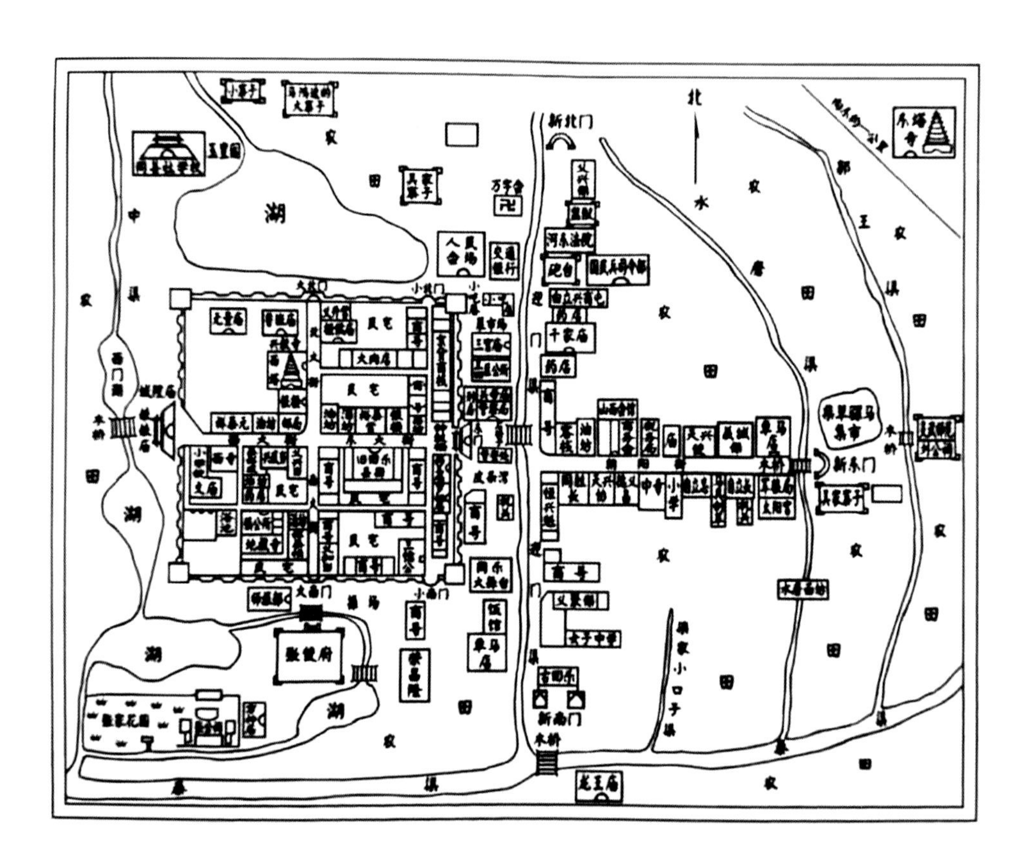

清末民国年间吴忠堡略图

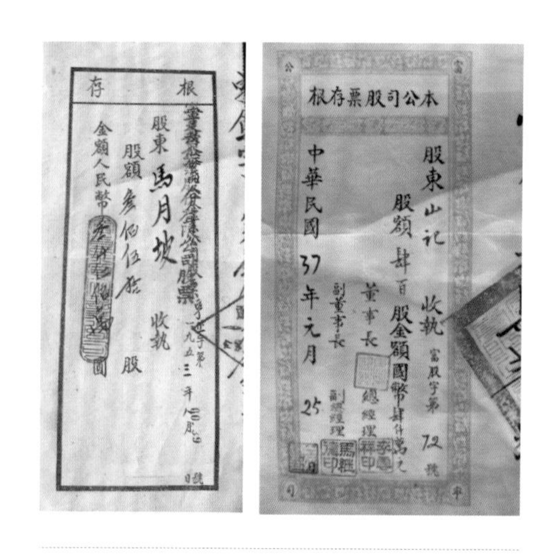

股 票

电厂，成为股东之一。1955年1月，出资从天津购回纺织机，创办吴忠第一家大型棉纺织企业——新合棉织厂，1956年公私合营后改名为吴忠棉织厂。1957年，马月坡任吴忠百货公司经理。马月坡是吴忠历史上著名的商人、工商实业家，为吴忠现代工商业的发展作出了突出贡献。

第二章　位置和环境概述

马月坡寨子建于20世纪20年代，为吴忠工商实业家马月坡的私宅。1994年，被吴忠市人民政府公布为市级重点文物保护单位。2005年9月，被自治区人民政府公布为自治区级重点文物保护单位。现存建筑为一处较为完整的三合院和一段寨墙，是宁夏地区保存相对完整的清朝、民国民居建筑。

俯瞰图

第一节　自然环境概述

一、地理位置

马月坡寨子位于宁夏回族自治区吴忠市利通区金星镇马月坡寨子文化广场，东经106° 12′ 34.0″，北纬37° 59′ 18.5″，海拔高1110米。

吴忠市位于宁夏中部，原为古灵州城和金积县驻地，地处宁夏平原腹地，是宁夏沿黄河城市带核心区域。毗邻陕西、甘肃、内蒙古，位于扬黄灌区的精华地段。辖利通区、青铜峡市、盐池县、同心县和红寺堡区，总人口143.7万（2022年）。

吴忠濒临黄河，有着悠久的历史，是中华文明的发祥地之一，是河套文化的重要组成部分，是北方游牧文化与农耕文化的交汇点，被誉为“水韵之城”。

马月坡寨子系平顶三合院式建筑，平面似长方形，由高大的寨墙围合，坐北向南。经GPS测定，其四角坐标点为：

西南角：北纬37° 59′ 16.7″，东经106° 12′ 32.7″。

东南角：北纬37° 59′ 16.1″，东经106° 12′ 35.3″。

东北角：北纬37° 59′ 19.2″，东经106° 12′ 36.8″。

西北角：北纬37° 59′ 16.7″，东经106° 12′ 32.6″。

二、地形地貌

吴忠市东西长而南北窄，地势南高北低，北为银川平原，南为青铜峡平原和丘陵山地。川区平均海拔1100米，山区海拔在1300—1900米。全市地貌主要为黄土高原、鄂尔多斯台地、黄河冲积平原和山地。

三、气候概况

吴忠地处西部内陆，属温带大陆性半干旱气候，冬无严寒，夏无酷暑，年平均气温9.4℃，年降水量在260毫米左右，年蒸发量为2000毫米。这里四季分明，日照充足，蒸发强烈，雨雪稀少，昼夜温差大，全年日照达3000小时，无霜期163天，是中国太阳辐射充足的地区之一。

第二节　社会背景及人文环境

一、马月坡寨子修建时的社会背景

马月坡寨子建造于民国初期，其时政治上实行所谓的民主共和。

清朝，为了维护封建专制的政治制度，统治者崇尚儒学，大力提倡程朱理学，并通过科举制度招揽人才、钳制思想，加强思想文化上的专制。大兴文字狱，实行文化专制统治，使许多知识分子不敢过问政治，束缚了他们的思想，这是清朝统治者在思想上进一步加强君主专制的表现。鸦片战争的失败，标志着中国开始沦为半殖民地半封建社会，也标志着中国封建统治的日薄西山。经济上，传统农业、手工业经济发展，各生产部门技术水平空前提高，商业贸易颇为繁荣，处于萌芽状态的资本主义缓慢发展。

19世纪上半叶，英国开始大量向中国贩售鸦片，导致清道光二十年（1840年）中英鸦片战争的爆发。鸦片战争失败后，面对西方列强入侵，清政府与之缔结了一系列不平等条约。根据这些条约，清政府被迫割地赔款、开放通商口岸，清廷的威信一落千丈，中国也自此逐步沦为半殖民地半封建社会，主权受到严重损害。由于人民的负担逐年加重，引发了一系列的反抗运动，其中规模最大的是太平天国运动，甚至一度威胁清朝的统治。为挽救自身命运并增强国力，清政府内部的有识之士遂展开了维新运动，试图革新图强，其中最为著名的是自清咸丰十年（1860年）开始的洋务运动。

洋务运动使得清朝的国力有了一定程度的恢复和增强，到同治年间，在文武齐心合力之下，清朝一度出现了较安定的局面，史称“同治中兴”。

经济方面，由于外国资本主义的入侵，打破了中国传统经济的格局，社会经济的主要成分，除封建地主经济、农民和手工业者的个体经济继续存在外，又出现了新兴的资本主义经济。晚清时期，吴忠当地开始“废除军屯，实行招民开垦，按亩收租”，大批屯田兵和屯耕民转变为交纳田赋、负担力差的自耕农。清末，

驮 运

政治更加腐败，水利失修，自然灾害、兵患频繁，官僚、地主、商人乘机兼并土地，发展以堡寨为中心的“封建庄园经济”。

传统的农耕和游牧生活影响了民居的布局形式，宁夏民居一般院落宽敞，每家一院，当地的民居视家庭经济能力和使用功能而建造，相对贫困的家庭通常顺山墙架檩条，横檩条上搭椽子，一般开间较小，称为“滚木房”。富庶的家庭则建三合院或四合院，门前有照壁，平面对称布置。上房三间，五檩四椽。倒座与正房对称，均为硬山顶，屋脊有脊兽。“下房”（即左右厢房），三到五间不等，单坡顶，屋脊无脊兽。更富者，建有两进院落，中间建过厅，内院住眷属，外院为客房。

二、马月坡寨子所在地区的人文环境

1. 吴忠市行政区划

吴忠市总面积2.02万平方公里，辖一市二县二区（利通区、青铜峡市、盐池县、同心县、红寺堡区），总人口143.7万。

马月坡寨子所在地金星镇辖10个社区居委会，总面积70.4平方公里，集镇规划面积10平方公里，建成区面积4平方公里，总人口5.5万人。

2. 吴忠市历史沿革

吴忠市是一个历史悠久、文化源远流长的多民族聚居地区，是宁夏历史上开发最早的引黄灌溉区。公元前2.5万年左右，便有先民在这里劳作、生息。

秦始皇三十三年（前214年）在吴忠境内设置富平县，西晋时迁至陕西怀德（今陕西渭南富平），这是宁夏北部设置最早的县级机构。

西汉惠帝四年（前191年）在河之洲，设立灵洲县，故址在今宁夏吴忠市利通区境内古城，是宁夏历史上最早有确切的设置年代记载的城市。

东汉改为灵州县。

三国两晋时期，为羌、匈奴、鲜卑等族驻牧之地。十六国时，先后为前赵（匈奴）、后赵（羯）、前秦（氐）、后秦（羌）、赫连夏（匈奴）属地。

北魏太延二年（436年），置薄骨律镇。孝昌二年（526年）改为灵州。北魏末置普乐郡，属灵州。西魏因之。北周置回乐县，属普乐郡。

隋开皇三年（583年）废普乐郡。大业三年（607年），改灵州为灵武郡，回乐县属之。

唐武德元年（618年），改灵武郡为灵州。回乐县析置丰安县。贞观元年（627年），灵州属关内道，四年（630年），于回乐县境置回州，以丰安县隶之。十三年（639年），废回州，丰安县地并入回乐县。天宝元年（742年），改灵州为灵武郡。乾元元年（758年），复为灵州。

五代后梁、后唐、后晋、后汉、后周各朝，仍为灵州。

北宋咸平五年（1002年），党项部李继迁攻占灵州，改置西平府，都之。仍置灵州，废回乐县。天禧四年（1020年），迁都兴州（今银川市），后西平府又称西京。

元代仍属灵州。中统二年（1261年），隶属西夏中兴等路行省。至元八年（1271年），改称西夏中兴等路行尚书省。二十五年（1288年），隶属甘肃行省宁夏府路（即宁夏路总管府）。后随省、路建置更迭而从属之。

明洪武三年（1370年），徙灵州军民于关内，一度空其城。十六年（1383年），编集未迁者，调其他地民，置灵州河口守御千户所，属陕西都司。宣德三年（1428年）改灵州河口守御千户所为灵州千户所，属宁夏卫。弘治十三年（1500年）九月升置灵州，隶陕西布政使司。十七年（1504年）八月废州，复为灵州千户所，属宁夏卫。正德元年（1506年）九月，改为灵州守御千户所，属陕西都司。嘉靖九年（1530年），瓦渠等四里，改由守御千户所吏目辖之。万历之后，又归宁夏卫，为灵州千户所，吴忠堡属之。

清初因之。雍正二年（1724年），改灵州千户所为灵州直属州，属宁夏府。同治十一年（1872年），以灵州金积堡等部分属地析置宁灵厅，改宁夏水利同知为宁灵抚民同知，驻金积堡，属宁夏府。

民国二年（1913年），改宁灵厅为金积县，改灵州为灵武县，隶属甘肃省朔方。

民国十八年（1929年），改属宁夏省，吴忠地分金积、灵武二县。

民国三十四年（1945年），宁夏省于吴忠镇设吴忠市。

1949年9月21日，吴忠解放，9月26日成立吴忠堡市，驻金积堡，属宁夏省。11月，缩编为吴忠镇，归灵武县。

1950年2月，由灵武析置吴忠市，驻金积镇。

1954年4月22日，宁夏省河东回族自治区成立，辖金积、灵武、吴忠、同心四县市，并与吴忠市人民政府合署办公。9月，宁夏省建置撤销，河东回族自治区隶属甘肃省。

1955年2月1日，河东回族自治区人民政府与吴忠市人民政府分署办公，4月28日，河东回族自治区更名为吴忠回族自治州。

1958年10月25日，宁夏回族自治区成立，自治州撤销，吴忠市直属宁夏回族自治区。1960年9月，撤销金积县，原金积县的大部分辖区划归吴忠市。1963年6月，撤销吴忠市，设立吴忠县。1972年4月，设立银南地区，辖吴忠、青铜峡、中卫、中宁、灵武、同心、盐池七地。1984年1月24日，撤销吴忠县，恢复吴忠市。1998年5月1日，撤销银南地区，设立地级吴忠市，原县级吴忠市更名为利通区。

第三章　修缮工程概述

2021年7月6日，吴忠市文物管理所与宁夏琢艺古建筑工程有限公司签订吴忠市马月坡寨子修缮工程施工合同。工程类型为古建筑修缮，施工面积为640.337平方米。

第一节　工程缘起

马月坡寨子建于20世纪20年代，建成后由马月坡及其家人居住，直至20世纪60年代收归国有，一直为政府办公驻地。1972年，吴忠市建无线电厂，将厂址定在马月坡寨子。1994年，马月坡寨子被吴忠市人民政府公布为市级重点文物保护单位，2005年交由文化文物部门管理。

2005年9月，被自治区人民政府公布为自治区级重点文物保护单位。

2018年8月，吴忠市文物管理所委托河南园冶古建园林工程设计有限公司对马月坡寨子进行全面勘察。

2020年6月，自治区文物局批准《宁夏回族自治区吴忠市马月坡寨子修缮工程勘察设计方案》。

2020年8月，北京太和华典工程咨询有限公司审核通过吴忠市马月坡寨子修缮工程预算，审定金额141.08万元。

2021年7月，吴忠市文物管理所与宁夏琢艺古建筑工程有限公司签订修缮工程施工合同，施工面积640.337平方米。

第二节　修缮设计原则

马月坡寨子自始建至今已近百年，因长期缺乏有效的管理使用、科学系统的保护修缮，受自然灾害及人为等因素的影响，现存在较多的安全隐患。

本次修缮的目的是在保存文物的真实性与完整性的前提下，遵从以下原则，治理病害，使文物建筑达到健康的状态。

其一，不改变文物原状，坚持最小干预、可识别性、可逆性的原则。

其二，所采取的保护措施以缓解损伤为主要目标，正确把握审美标准的原则。

其三，尽量保存原构件的原则。

其四，除非是出于文物安全性的需要，或是有充分的依据，并具备可靠的历史考证和充分的技术论证，否则不得在建筑遗址上进行重建的原则。

其五，尊重地方做法和乡土材料的原则。

第二篇

勘察测绘研究概况

第一章 历史沿革

第一节 始建规模及变化

马月坡寨子的始建规模，文献中少有明确详细的记载，据后来调查整理的资料可知，寨子建于20世纪20年代末期，占地10.88亩。

20世纪70年代，部分企业进驻，主要是吴忠无线电厂，此地作为企业生产、经营场所。

1980年，当地政府将马月坡寨子全部划归吴忠无线电厂，因扩建厂房，将寨内大部分房屋和寨墙拆除。

1984年，宁夏回族自治区第二次文物大普查时发现马月坡寨子仅剩一段残破的西寨墙和作为库房的西三合院。吴忠市文物普查组对寨子进行了实地调查。

1993年，厂区道路拓宽，西三合院东、西厢房南侧各被拆除一间房屋。

2002年，利通区人民政府划拨经费4万元，对三合院濒临倒塌的屋面和墙体进行维修加固。

2005年，马月坡寨子三合院和残存的寨墙正式交由吴忠市文化文物部门管理。

2017年，吴忠市人民政府出资，市文物管理所组织维修了残存的寨墙。

第二节 建筑功能演变

20世纪20年代，马月坡寨子建成，马月坡及其家人居住。

20世纪50年代，人民政府借用寨内部分房屋，用于接待苏联专家。

20世纪60年代，马月坡寨子由政府接管，长期作为政府有关部门的办公场所使用。

1980年，吴忠市人民政府将马月坡寨子全部划归吴忠无线电厂，作为生产经营场所。

1984年，吴忠市文物普查组对寨子进行了实地调查，并建立文物档案。

1994年，吴忠市人民政府公布马月坡寨子为市级重点文物保护单位。

2005年9月15日，被自治区人民政府公布确定为自治区级文物保护单位。

院 门

第二章　文物保护管理状况

第一节　保护管理机构

1993年10月，吴忠市文物管理所成立，开始对马月坡寨子进行管理。

1998年，银南地区撤销，成立地级吴忠市，县级吴忠市更名为利通区，吴忠市文物管理所更名为利通区文物管理所，管理马月坡寨子。

2005年，吴忠市和利通区机构合并，利通区文物管理所并入吴忠市文物管理所，马月坡寨子由吴忠市文物管理所管理至今。

第二节　历次修缮情况

马月坡寨子建成至今未经过大的维修工程。文化文物部门接管后，除日常性保护外，组织过三次局部维修。

其一，维修屋面、墙体。由于风雨侵蚀，年久失修，加上企业使用中的人为破坏，马月坡寨子屋顶漏雨，堂屋后墙坍塌、基础下沉，院门被拆除后一直无院门、院墙，屋檐砖雕毁坏严重。2002年，经利通区文物管理所申请，利通区人民政府划拨经费4万元，更换屋顶房泥，重新砌筑后墙基础和墙体，对毁损的屋檐砖雕进行雕刻、更换，设计新建了院门和围墙。

其二，铺设自来水和排水管道，接入电源。因无线电厂拆除，原有的自来水、排水、供电线路等全部被破坏殆尽。为保证马月坡寨子古建筑的安全，以及正常维护，2005年，吴忠市文物管理所利用文物保护专项经费在兴隆巷主管网铺设自来水管道，引入消防供水；维修原有排水管道，使排水畅通；向供电局申请专表，接入电源。

其三，寨墙维修。因自然风化和雨水冲刷，寨墙墙基剥蚀，墙土不断脱落，墙体沟壑错落，且整体向西倾斜，危及寨墙安全。2017年8月，吴忠市政府修建马月坡寨子文化广场，市文旅体广局向市政府提出维修加固马月坡寨子寨墙的申请。此次维修加固了墙基、修补了墙体，完成寨墙防水制作，并在寨墙四周安装大理石护栏等。

第三节　保护区划及管理要求

一、保护区划

保护区划确定为保护范围和建设控制地带两级，保护范围8098平方米。

保护范围和建设控制地带包括东以现存三合院东墙向外延伸20米、西以现存西寨墙向外延伸30米、南以现存西寨墙南端向外延伸10米、北以现存三合院北墙向外延伸16米的区域。

二、管理要求

在保护范围和建设控制地带内不得进行其他建设工程，或者爆破、钻探、挖掘等作业。因特殊情况需要在文物保护单位的保护范围和建设控制地带内进行其他建设工程或者爆破、钻探、挖掘等作业的，必须保证文物保护单位的安全，并经自治区人民政府批准。

第四节　保护标识和保护档案

标识碑

说明碑

一、保护标识

2014年4月，在马月坡寨子三合院门口树青石保护标识碑和说明碑各一座，基座为须弥座式，高80厘米，宽80厘米，束腰宽60厘米。碑为长方形，高130厘米，宽80厘米，厚13.5厘米。

二、保护档案

2016年8月，按照自治区文物局全国重点文物保护单位统一标准，规范完成自治区重点文物保护单位马月坡寨子保护“四有”档案，分主卷、副卷、备考卷三部分，主卷包括文字卷、照片卷、保护规划及保护工程方案卷、文物调查及考古发掘资料卷、文物保护工程及放置监测卷、电子文件卷，副卷包括行政管理文件卷、法律文书卷、大事记卷，备考卷包括论文卷、图书卷，并上报自治区文物局。

第三章　文物价值

第一节　历史价值

马月坡寨子虽然距今不过百年，历史不算悠久，但其文物价值却较为突出。首先，它真实地再现了20世纪二三十年代民居的建筑风貌，集结构精巧、风格独特、工艺精湛、美观实用于一体，在今天仍具有极高的观赏性和艺术价值。其次，作为宁夏现存近代民居，具有唯一性，它是历史留下来的实物，不可再生，一经破坏，无法挽回。另外，这一建筑是在民国时期的历史条件下建成的，所反映的是当时吴忠地区人民社会生产、生活方式，科技水平，建筑技巧和艺术风格，是当时当地人民生产、生活的最真实的实物见证。且它吸取了我国传统的土木结构建筑建造技巧，兼容了南北民居建筑风格，具有较高的历史价值。

第二节　艺术价值

马月坡三合院外观装饰方面兼容并蓄南北艺术风格，并集中体现在房屋正面的砖雕木刻构件上。马月坡寨子修建时，选料精细、用工讲究，砖雕匠人来自甘肃河州（今临夏），雕刻工艺粗犷豪放，具有浓郁的地方文化特色；而泥水匠人就地雇佣，寨墙等土建工程多为黄土夯筑，结实耐用、外观敦厚，保温隔热。马月坡寨子精美的砖雕木刻反映了当地的建筑装饰图案的艺术风格和审美特征，同时还折射出当时的社会意识形态。

堂屋和厢房正面为传统的立木前墙，双开扇刻花板门，“回”字格宽大窗棂，槛墙饰长方形雕刻，主要雕有磬、剑等图案，垂檐及门窗内墙面均为木雕和砖雕，主要图案有五

槛墙砖雕

蝠捧寿、梅兰竹菊等，云板、横梁、挡板等构件皆为雕花，雕刻内容各异。砖雕木刻都保持本身的青灰色和原木色，不施彩绘和油饰，体现了主人喜爱淡雅清净、崇尚自然天成的精神理念，表达了对美好生活的祝福和祈愿。

马月坡从事农、工、商活动时期，正是社会风云变幻的年代，其个人经历反映了当时社会和当地状况。他的私宅反映了劳动人民的聪明才智，及当时的建筑水平、装饰艺术，充分体现了当地民居的布局、造型、结构、材料、装饰艺术、风格等。

堂屋和东、西厢房的地基高度不一，有明显的主次感，遵循了上下尊卑、长幼有序的传统文化理念。

第三节　科学价值

宁夏地处西北内陆，属温带大陆性气候，夏季燥热干旱，冬季严寒多雪。土木结构的房屋因冬暖夏凉、取材方便，是深受当地群众喜爱的地方性建筑形式，因此马月坡寨子在修建时，理所当然地融入了这一地域特色，主要表现在以下几个方面：

其一，在材料运用上，多使用黄土。例如其寨墙和房基用黄土夯筑而成。房顶用掺和了麦芒的黄泥踩踏而成，房屋墙体用土坯垒砌。尽管堂屋和厢房正面包有部分青砖和砖雕构件，那也只

木雕艺术

砖雕艺术

是一种装饰，内侧依然用土坯垒砌。

其二，在房屋内部结构上，考虑到了气候特点。例如，在堂屋客厅内的东北、西北拐角各开一扇小门通向配房后面的暖阁，暖阁内砌一盘土炕，便于冬季居住时取暖。时至今日，这种建筑结构在宁夏广大农村被普遍采用。

主体采用土木框架式，先用木质的立柱、横梁构成房屋的骨架，后在梁下砌以土坯墙，榫卯处理合理。尤其是采用挑梁减柱法，巧妙地利用三角支撑原理，既实现了力的转嫁，又节省了立柱，还不影响采光，可谓一举三得。

第四节　社会价值

随着我国国民经济的发展和人民生活水平的提高，推动广大人民精神文化需求不断深化，迫切需要有高水平的文化设施及场所。马月坡寨子能够很好地展示当地民居建筑文化。因此，马月坡寨子修缮项目必将成为繁荣当地文化生活的重要部分，项目建设是丰富我国文化事业的要求。

通过马月坡寨子，可理解文物古迹的文化内涵。在一定意义上，马月坡寨子是吴忠“历史记忆的符号”和“文化发展的链条”，它见证着吴忠的历史变迁，一旦破坏，就再难以恢复和延续。马月坡寨子现存的文物建筑无论如何破旧，其文化内涵与历史痕迹是无法被替代的。记录历史，展示文化，就是马月坡寨子遗址的真正意义和价值。

第三篇 修缮工程勘察

第一章　概　况

一、勘察范围

受吴忠市文物管理所委托，河南园冶古建园林工程设计有限公司承担宁夏回族自治区吴忠市马月坡寨子内文物保护修缮工程设计任务，包括堂屋、东厢房、西厢房、院门、院落地面、排水。

二、勘察内容及方法

1. 勘察内容

单体建筑保存现状：单体建筑时代特征、做法、材料工艺、形制特征、建筑尺度及面积、后期加建改建情况、建筑功能及使用情况等。

病害类型：单体建筑的屋面、椽望、木基层、梁架、地面等现存各种病害成因、现象及量化统计。

破坏因素：自然因素和人为因素（包括不当使用、不当维护和建筑材料自然劣化）。

2. 勘察方法

测绘手段：GPS 定位、手工测绘建筑、水准仪测绘、投线仪测绘。

勘察手段：拍照，敲击、测量建筑本体，走访当地群众，查阅历史文献资料等。

勘察成果：形成详细的病害量化统计及成因分析。

三、勘察依据

（1）《中华人民共和国文物保护法》（2017年）。

（2）《中华人民共和国文物保护法实施条例》（2016年）。

（3）《文物保护工程管理办法》（2003年）。

（4）《中国文物古迹保护准则》（2015年）。

（5）《古建筑木结构维护与加固技术规范》（GB/T 50165—2020）。

（6）《木结构设计规范》（GB 50005—2039）。

（7）《文物保护工程设计文件编制深度要求》（2016年）。

（8）宁夏回族自治区实施《中华人民共和国文物保护法》办法。

（9）《宁夏回族自治区吴忠市马月坡寨子文物保护修缮工程岩土工程勘察报告》（宁夏海辉岩土工程有限公司，2020年3月）。

（10）《宁夏回族自治区吴忠市马月坡寨子文物保护修缮工程设计方案评估报告》（北京国文信文物保护有限公司，2019年12月及2020年5月）。

（11）《自治区文物局关于吴忠市马月坡寨子修缮工程勘察设计方案的意见》（宁文物发〔2020〕46号）。

四、修缮范围

依据实际文物价值重要性和构件残损程度确定本次工程修缮范围：马月坡寨子堂屋（206.92平方米）、东厢房（75.77平方米）、西厢房（75.77平方米）、院门（2.26平方米）、院落地面、排水，占地面积640.337平方米，建筑面积总计358.46平方米。

五、建筑形制

1. 堂屋形制

堂屋坐北朝南，硬山平顶单坡土屋面，平面呈长方形，通面阔7间（21.09米），通进深3间（8.42米），建筑高度（前檐口）4.08米，建筑面积206.92平方米。

（1）散水：青条砖铺设，宽755毫米。

（2）台明：305毫米 ×150毫米 ×60毫米青条砖立砌。

（3）地面。

前廊地面：250毫米 ×250毫米 ×60毫米青方砖斜墁。

室内地面：室内地面因多次维修，铺设较为杂乱，一部分为250毫米 ×250毫米 ×60毫米方砖斜墁；另一部分为315毫米 ×150毫米 ×60毫米青条砖席纹铺设，具体铺设位置及样式见堂屋平面图。

（4）墙体及基础。

基础：修建之初未修建墙体基础，只进行了原土夯实。

墙体：下碱310毫米 ×150毫米 ×60毫米青砖砌筑，厚400毫米，上身为360毫米 ×180毫米 ×180毫米土坯砌筑，白灰罩面，墙厚370毫米。

堂 屋

堂屋东耳房

梁 架

（5）梁架：大木构架为小式单檐一坡水，檐柱顶部置平板枋，枋下施额枋，额枋下为雀替。单步梁直接搭在平板枋上，另一端直接插入金柱，金柱与金柱间架梁，梁上置檩或柁墩上置檩用以形成坡度，后金柱与后檐柱间架梁，上部置椽，用以支撑屋面芦席。

（6）屋面及木基层：屋面为平顶草泥屋面，底部为直径80毫米圆椽，其上为5毫米厚芦席，150毫米厚麦秸泥，上覆SBS防水层（后期铺设），屋面四周青砖压檐。

（7）装修：砖雕主要用于封檐砖和槛墙，反映内容为“暗八仙”（宝剑、葫芦、花篮、玉板、笛子、渔鼓、荷花、芭蕉扇）、“杂宝”（伞盖、官印、莲花座等）、“四艺”（琴、棋、书、画）、“阖阖美美”（荷花、梅花）、“岁寒三友”（松、竹、梅）、“四君子”（梅、兰、竹、菊）等，内容十分丰富，图案线条流畅。木刻工艺更是精湛，多采用镂雕、浮雕、浅刻等手法，在前檐和走廊的木质构件上雕刻团花、缠枝牡丹、并蒂莲花、亭台楼阁、卷草、五蝠捧寿等吉祥图案。

（8）油饰、彩画：梁架均无油饰、彩画。无壁画。

西厢房木雕

2. 东、西厢房形制

东、西厢房位于堂屋南侧，依中轴线东、西对称布置，硬山平顶单坡土屋面，平面呈长方形，通面阔4间（12.30米），通进深1间（4.17米），建筑高（前檐口）3.8米，单体建筑面积75.77平方米。

（1）散水：青条砖铺设，宽755毫米。

（2）台明：阶条石1020毫米 ×250毫米 ×150毫米砂岩，250毫米 ×250毫米 ×60毫米方砖“十”字缝铺设。

（3）地面。

前廊地面：250毫米 ×250毫米 ×60毫米方砖“十”字缝铺设。

室内地面：室内地面因多次维修，铺设较为杂乱，一部分为250毫米 ×250毫米 ×60毫米方砖斜墁；另一部分为315毫米 ×150毫米 ×60毫米青条砖席纹铺设，具体铺设位置及样式见厢房平面图。

（4）墙体及基础。修建之初未修建墙体基础，只进行了原土夯实。墙体下碱310毫米 ×150毫米 ×60毫米青砖砌筑，厚425毫米，上身为360毫米 ×180毫米 ×180毫米土坯砌筑，白灰罩面，墙厚370毫米。

（5）梁架：大木构架为小式单檐一坡水，前檐采用雀宿檐做法，前檐柱外侧设花篮柱，用夹底及穿连接，并施琵琶撑。单步梁直接搭在柱上，梁上置檩或柁墩，上置檩，用以形成坡度。

（6）屋面及木基层：屋面为平顶草泥屋面，底部为直径80毫米圆椽，其上为5毫米厚芦席、150毫米厚麦秸泥，上覆 SBS 防水层（后期铺设），屋面四周青砖压檐。

（7）木装修：砖雕主要用于封檐砖和槛墙，反映内容为“暗八仙”（宝剑、葫芦、花篮、玉板、笛子、渔鼓、荷花、芭蕉扇）、“杂宝”（伞盖、官印、莲花座等）、“四艺”（琴、棋、书、画）、“阖阖美美”（荷花、梅花）、“岁寒三友”（松、竹、梅）、“四君子”（梅、兰、竹、菊）等，内容十分丰富，图案线条流畅。木刻工艺更是精湛，多采用镂雕、浮雕、浅刻等手法，在前檐和走廊的木质构件上雕刻团花、缠枝牡丹、并蒂莲花、亭台楼阁、卷草、五蝠捧寿等吉祥图案。

3. 院门

现有院门为后期复建，长2.5米，宽0.57米，高2.99米，青砖砌筑，无柱及梁枋等木构件，平顶屋面，青砖挑檐，内嵌实木门一樘。

4. 院落地面

甬路：315毫米 ×150毫米 ×60毫米青条砖席纹铺设。

地面：315毫米 ×150毫米 ×60毫米青条砖席纹铺设（堂屋前为青方砖斜纹糙墁）。

5. 排水

院内：因后期城市发展，导致周边环境破坏严重，马月坡寨子外围地坪高于院内地坪，雨水无法排出，后期在院内修建了水井，将雨水收集后用水泵将雨水排出。

院外：马月坡寨子现地处一公园内，后期依寨子四周修建了排水沟，将雨水最终排至市政排水管网内。

无油饰、彩画。

木装修

第二章　主要病害分析

一、院落环境现状

院落地面：地面砖破损严重，局部因排水不畅，雨水渗入地下导致地面砖起伏不平。

排水：雨水无法自然排出，后期在院内修建的集水井存在漏水隐患，侵蚀建筑基础等，影响建筑结构安全。

二、文物建筑保存现状

文物建筑保存较为完整，但是由于年久失修及自然人为因素的影响，建筑单体保存状况不容乐观，除常规病害外，部分建筑结构也存在较大问题，现分述如下。

整体保存较为完整，主要存在以下问题。

1. 堂屋

散水保存基本较好，青砖有少量破损及酥碱；台明青砖破损严重，室内地面砖因多次维修，铺装样式杂乱，且年久失修等原因导致砖缺失、碎裂；木构件存在开裂、糟朽、虫

堂　屋

屋 面

门内侧

蛀现象，前檐柱次间垫板及额枋缺失；修建公园时因维护不当，雨水等渗入建筑基础，导致墙体出现开裂现象，两山墙饰面层脱落，槛墙下部青砖酥碱；屋面因漏雨严重，后期在苫背层上直接铺设SBS防水层，与原有形制不相符；木装修基本保存完好，后期窗户部分加装玻璃，窗户纸全部风化，砖雕局部有损毁现象。

2. 东厢房

整体保存较为完整，主要存在以下问题：

阶条石砂岩风化；地面砖缺失、碎裂，铺装样式杂乱；木构件存在开裂、糟朽现象，前檐木柱出现下沉；屋面因漏雨严重，后期在苫背层上直接铺设SBS防水层，与原有形制不相符；因日常维护不当，雨水等渗入建筑底部，导致墙体出现下沉现象，两山墙及后檐墙饰面层大面积脱落、空鼓。木装修基本保存完好，后期窗户部分加装玻璃，原有窗户纸缺失、破损严重，砖雕局部有损毁现象。

厢　房

西厢房外侧

3. 西厢房

整体保存较为完整，主要存在以下问题：

阶条石砂岩风化；地面砖缺失、碎裂，铺装样式杂乱；木构件存在开裂、糟朽现象，前檐木柱下沉；屋面因漏雨严重，后期在苫背层上直接铺设 SBS 防水层，与原有形制不相符；因维护不当，雨水等渗入建筑底部，导致墙体出现下沉现象，两山墙及后檐墙饰面层大面积脱落、空鼓。木装修基本保存完好，木门后期补配，后期窗户部分加装玻璃，原有窗户纸缺失、破损严重，砖雕局部有损毁现象。

4. 院门、院落

整体保存较为完整，主要存在以下问题：

院落地面青砖破损，院门墙体青砖有酥碱现象，屋面水泥砂浆抹面，局部漏雨，青砖挑檐局部开裂，门开裂。

第三章　文物建筑安全及结构可靠性评估

一、现状环境与历史环境的真实性与完整性评估

经现场勘察，该文物建筑位于吴忠市利通区金星镇马月坡寨子文化广场。原有寨墙多被拆除，残存寨墙长41.7米，高3.8米（底宽3.5米，顶宽3米）。因企业扩建厂房，寨内大部分房屋被破坏、拆除，只有西三合院作为库房而保存了下来。

综上所述，现存马月坡寨子原有历史环境的真实性与完整性保存较差。

二、环境安全评估

马月坡寨子现处于一个休闲广场内，与其他建筑相隔马路，距离较远，空间独立，除残存的寨墙及院落外，周边都为绿化带，四周建有完整的排水等设施，处于较为安全的环境中。

三、形制、结构、材料、做法、工艺的真实性与完整性评估

现存马月坡寨子虽然较始建时规模变小，但保留下来的建筑保持了原有的形制、结构、做法，后期维修时虽局部做法及材料与原有不相符，但整体的真实性与完整性较好。

四、病害类型、程度、分布范围、成因及发展趋势评估

马月坡寨子主要的病害集中在柱、屋面及墙体，其余例如地面及装修等保存较好，主要因屋面为平顶土屋面，防水性能较差，易造成漏雨，导致室内木构架及木基层糟朽。墙体因始建时基础较浅，承载力等较差，易受水、地震等因素的影响而开裂，外墙开裂较为严重。柱子因地震及基础不合理导致下沉。

通过定期观测屋面发现，虽然因后期在土屋面上铺设 SBS 防水层，漏雨现象较少，但随着时间推移，这种防水材料受多种因素影响性能下降，防水效果越来越差，而且后期铺设的防水层透气性差，室内水汽蒸发困难，导致墙体酥碱严重。随时间推移，裂缝底层湿陷性黄土受雨水影响较大，长时间浸泡导致基础下沉现象加重。

五、保留至今的以往干预手段效果评估

屋面现代防水材料透气性差，屋面湿气不易蒸发，使木基层糟朽更加严重，且这种现代防水材料改变了原有屋面做法，违背了文物保护相关原则，不利于文物建筑的保护。

第四章　基础勘探及基础稳定性评估

宁夏海辉岩土工程有限公司提供了《宁夏回族自治区吴忠市马月坡寨子文物保护修缮工程岩土工程勘察报告》，其中有对堂屋，东、西厢房基础稳定性评估，具体内容如下。

一、基础安全性评估

1. 建筑物沉降观测

为了检测该建筑物的沉降情况，在建筑物外墙上采用NTS-391R10L全站仪进行了观测。本次沉降观测是以建筑物外一点为假定基准点，结果可基本反映产生竖向变形的相对高差（包括施工误差），检测结果如下。

表3-1　相对竖向变形观测结果

单位：毫米

堂屋	测点位置	1轴 / A 轴	8轴 / A 轴	1轴 / E 轴	4轴 / E 轴	8轴 / E 轴
	沉降值	-1.3	3.2	3.8	-18.2	5.1
西厢房	测点位置	1轴 /A 轴	2轴 /A 轴	1轴 / B 轴	4轴 / B 轴	
	沉降值	-14.3	-24	5.2	3.4	
东厢房	测点位置	1轴 /A 轴	4轴 /A 轴	1轴 / B 轴	4轴 / B 轴	
	沉降值	-1.2	3.2	-22.1	5.6	

2. 基础地层分析

根据勘探资料可知，场区地层除上部杂填土外，下部均为第四全新系统（Q4）黄河冲洪积粉土、粉质黏土、粉细砂及卵石，场区地层自地表而下共分为五层，分别描述如下。

（1）杂填土（Q4ml）：分布连续，杂色，稍湿，松散状，成分为粉土及碎石土混合物，含砖块等建筑垃圾，均匀性差。为新近堆积填土。

（2）粉土（Q4al）：分布连续，黄褐色，稍湿，稍密，无光泽反应，韧性及干强度低，该层压缩系数为0.30—0.35 Mpa−1，属中等压缩性土，局部夹黄土状粉土，具轻微湿陷性。

（3）粉质黏土（Q4al）：分布连续，黄褐色，稍湿—湿，可塑，切面有光泽，无摇振反应，干强度及韧性中等，该层压缩系数为0.30—0.35 Mpa−1，属中等压缩性土。

（4）粉细砂（Q4al）：分布连续，黄褐色，饱和，中密。矿物成分以石英、长石、云母为主。

（5）卵石（Q4al+pl）：分布连续，杂色，饱和，中密—密实，一般粒径20—40毫米，最大粒径60毫米，颗粒形状呈亚圆形，充填物多为细砂，原岩成分以石英砂岩为主。物理力学性质水平方向上变化不大，纵向随深度增加，密实度随之增加。所有钻孔均未穿透此层，最大揭露厚度4.80米。

初步勘探基础的持力层部分为杂填土和粉土（Q4al），其土性结构松散，欠固结，不宜做建筑物的基础；需要加固后，才能保证建筑基础的安全性。

3. 基础稳定性评估

依据现场勘查数据和地层特征分析得出，建筑物基础持力层含软黄土状粉土，具轻微湿陷性。遇水浸泡后，建筑物的基础易发生不均匀沉降，造成上部墙体开裂、倾闪。2012年进行周边广场施工时，堂屋，东、西厢房周边排水不利，墙基遭受雨水浸泡，外墙逐步开裂，裂缝呈逐年扩大迹象。

综上分析，墙基稳定性较差，后期若持续受雨水或周边广场用水的浸泡，地基将继续发生沉降，为保持基础的稳定性，建议采取基础加固，避免基础沉降改变墙体的稳定性，对文物造成破坏。

二、安全及结构稳定性评估

根据《古建筑木结构维护与加固技术规范》（GB 50165—92），古建筑的可靠性鉴定如下表：

外 墙

堂 屋

表3-2　古建筑的可靠性鉴定

序号	名称	检查项目	分布范围 残损点数量		恶化程度
1	堂屋	承重木柱	柱根轻微糟朽，柱身开裂。	大多为檐柱及金柱。	外围檐柱及金柱上普遍存在柱根糟朽情况。均未超过1/5。在连接部位的受剪面附近有裂缝，裂缝平均深度为11毫米，不超过直径的1/4。
		承重木梁枋	木梁枋有虫蛀现象，木梁有开裂现象。	虫蛀及裂缝均出现在上部梁架。	梁架多处存在表层腐朽和老化变质情况，均未超过1/8。梁架未见明显虫蛀孔洞，局部构件敲击有空鼓音。应视为残损点。榫卯拉结，无拔榫现象，保存情况较好。
		墙体	墙体有竖向的裂缝2处。	竖向裂缝集中在山墙与后墙。	墙身局部有贯通的竖向裂缝和斜向裂缝，均视为残损点。
		屋面	在原有土屋面上直接铺设SBS防水层。	屋面漏雨严重，木基层糟朽。	屋面含水率过高，椽条部分有腐蚀糟朽情况，均视为残损点。
		整体性检查	—	—	木构架整体稳定，主要为墙体开裂。屋面漏雨严重，木基层局部已失去力学性能。
		根据《古建筑木结构维护与加固技术规范》（GB 50165—92）中第四章第一节“结构可靠性鉴定”的相关内容，堂屋为III类建筑。			
2	东厢房	承重木柱	柱根轻微糟朽，柱身开裂。	檐柱轻微糟朽及开裂，檐柱最大下沉24毫米。	外围檐柱及金柱上普遍存在柱根糟朽情况。均未超过1/5。在连接部位的受剪面附近有裂缝，裂缝平均深度为11毫米，不大于直径的1/4。
		承重木梁枋	木梁枋有虫蛀现象，木梁有开裂现象。	虫蛀及裂缝均出现在上部梁架。	梁架多处存在表层腐朽和老化变质情况，均未超过1/8。梁架未见明显虫蛀孔洞，局部构件敲击有空鼓音。应视为残损点。榫卯拉结，无拔榫现象，保存情况较好。

续表

序号	名称	检查项目	分布范围 残损点数量		恶化程度
2	东厢房	墙体	墙体有竖向的裂缝1处。	竖向裂缝集中在后墙。	墙身局部有竖向裂缝和斜向裂缝，均视为残损点。
		屋面	在原有土屋面上直接铺设SBS防水层。	屋面漏雨严重，木基层糟朽。	屋面含水率过高，椽条部分有腐蚀糟朽情况，均视为残损点。
		整体性检查	—	—	木构架整体稳定，主要为墙体开裂。屋面漏雨严重，木基层局部已失去力学性能。
		根据《古建筑木结构维护与加固技术规范》（GB 50165—92）中第四章第一节“结构可靠性鉴定”的相关内容，东厢房为III类建筑。			
3	西厢房	承重木柱	柱根轻微糟朽，柱身开裂。	檐柱轻微糟朽及开裂，檐柱最大下沉42毫米。	外围檐柱及金柱上普遍存在柱根糟朽情况。均未超过1/5。在连接部位的受剪面附近有裂缝，裂缝平均深度为11毫米，不超过直径的1/4。
		承重木梁枋	木梁枋有虫蛀现象，木梁有开裂现象。	虫蛀及裂缝均出现在上部梁架。	梁架多处存在表层腐朽和老化变质情况，均未超过1/8。梁架未见明显虫蛀孔洞，局部构件敲击有空鼓音。应视为残损点。榫卯拉结，无拔榫现象，保存情况较好。
		墙体	墙体有竖向的裂缝1处。	竖向裂缝集中在山墙。	墙身局部有竖向裂缝和斜向裂缝，均视为残损点。
		屋面	在原有土屋面上直接铺设SBS防水层。	屋面漏雨严重，木基层糟朽。	屋面含水率过高，椽条部分有腐蚀糟朽情况，均视为残损点。
		整体性检查	—	—	木构架整体稳定，主要为墙体开裂。屋面漏雨严重，木基层局部已失去力学性能。
		根据《古建筑木结构维护与加固技术规范》（GB 50165—92）中第四章第一节“结构可靠性鉴定”的相关内容，西厢房为III类建筑。			

第五章　现状勘察

表3–3　堂屋现状勘察

建筑部位	保存现状	历次维修改动情况	残损状况描述及残损量	残损原因分析
台明及散水	1. 散水：青条砖铺设，宽755毫米。 2. 台明：阶条石1020毫米 ×250毫米 ×150毫米砂岩，250毫米 ×250毫米 ×60毫米方砖“十”字缝铺。	—	散水共72.76平方米，破损约35%。 台明高80毫米，面积6.13平方米，23块条砖破损。	年久失修，人为不当干预。
地面	1. 前廊地面：250毫米 ×250毫米 ×60毫米方砖“十”字缝铺。 2. 室内地面：室内地面因多次维修，铺设较为杂乱，一部分为250毫米 ×250毫米 ×60毫米方砖斜墁；另一部分为315毫米 ×150毫米 ×60毫米青条砖席纹铺设，具体铺设位置及样式见厢房平面图。	2002年维修	前廊：方砖“十”字缝铺设4.66平方米，方砖斜墁20.55平方米。 室内：方砖斜墁43.78平方米，破损约35%；青条砖席纹铺设83.82平方米，破损约55%。	长时间使用造成地面磨损及损坏；年久失修，人为不当干预。
墙体	墙体下碱310毫米 ×150毫米 ×60毫米青砖砌筑，厚425毫米，上身为360毫米 ×180毫米 ×180毫米土坯砌筑，白灰罩面，墙厚370毫米。	2002年维修	墙体基础有下沉现象，局部开裂，山墙饰面层脱落，空鼓约36%；槛墙下部青砖酥碱约15%。	修建公园时因维护不当，雨水等渗入建筑底部，导致墙体出现下沉现象；年久失修，雨水排出不畅，墙体湿度过大导致砖体酥碱严重。
木柱	圆木柱，共30根，其中隐柱22根，柱径290—240毫米，柱子素面无地仗油饰。	—	A2柱开裂，深约270毫米，长约900毫米，宽约90毫米。	屋面重力过大，致柱头受力过大，加上木材本身因素从而造成柱头劈裂。
梁架	大木构架为小式单檐一坡水，檐柱顶布置平板枋，枋下施额枋，额枋下为雀替。单步梁直接搭在平板枋上，另一端直接插入金柱，金柱与金柱间架梁，梁上置檩或花栋上置檩用以形成坡度，后金柱与后檐柱间架梁，上部置椽，用以支撑屋面望板。	—	木构件裂缝6条，长约1500毫米，宽15毫米，深35毫米。前檐柱次间垫板及额枋缺失。	地震影响，年久失修。

续表

建筑部位	保存现状	历次维修改动情况	残损状况描述及残损量	残损原因分析
屋面及木基层	屋面为平顶草泥屋面，底部为直径80毫米圆椽，其上为5毫米厚芦席、150毫米厚麦秸泥，上覆SBS防水层（后期铺设），屋面四周青砖压檐。	2002年维修	屋面因漏雨严重，后期在苫背层上直接铺设SBS防水层，与原有形制不相符；屋面面积共198.99平方米，芦席糟朽约56%，椽子糟朽约45%。	人为改动，年久失修。苫背受雨水冲刷导致破损。
装修	砖雕主要用于封檐砖和窗台下的砖罩面，反映内容为“暗八仙”（宝剑、葫芦、花篮、笏板、笛子、吹火筒、响板、芭蕉扇）、“杂宝”（伞盖、官印、莲花座等）、“四艺”（琴、棋、书、画）、“阖阖美美”（荷花、梅花）、“岁寒三友”（松、竹、梅）、“四君子”（梅、兰、竹、菊）等，内容十分丰富，图案线条流畅。木刻工艺更是精湛，多采用镂雕、浮雕、浅刻等手法，在前檐和走廊的木质构件上雕刻团花、缠枝牡丹、并蒂莲花、亭台楼阁、卷草、五蝠捧寿等吉祥图案，皆精雕细琢，技法细腻，表达对美好生活的祝福和祈愿。	—	裙板翘曲、变形2块；窗户纸全部风化。	受当地气候影响，干湿度变化大，导致门翘曲、变形。

表3-4　东厢房现状勘察

建筑部位	保存现状	历次维修改动情况	残损状况描述及残损量	残损原因分析
台明及散水	1. 散水：青条砖铺设，宽755毫米。 2. 台明：305毫米 ×150毫米 ×60毫米青条砖立砌。	—	1. 散水：共35.98平方米，破损约23%。 2. 台明：高100 毫米，长12.52米，破损严重。	年久失修，人为不当干预。
地面	1. 前廊地面：250毫米 ×250毫米 ×60 毫米青方砖斜墁。 2. 室内地面：室内地面因多次维修，铺设较为杂乱，一部分为250毫米 ×250毫米 ×60毫米方砖斜墁；另一部分为315毫米 ×150毫米 ×60毫米青条砖席纹铺设，具体铺设位置及样式见堂屋平面图。	2002年维修	1. 前廊：方砖“十”字缝14.39平方米，破损约33%。 2. 室内：方砖斜墁37.52平方米，破损约30%；青条砖“十”字缝铺设6.67平方米，破损约23%。	长时间使用造成地面磨损及损坏；年久失修，人为不当干预。

续表

建筑部位	保存现状	历次维修改动情况	残损状况描述及残损量	残损原因分析
墙体	墙体下碱310毫米 ×150毫米 ×60毫米，青砖砌筑厚400毫米，上身为360毫米 ×180毫米 ×180毫米土坯砌筑，白灰罩面，墙厚370毫米。	2002年维修	墙体基础有下沉现象，局部开裂，山墙饰面层脱落、空鼓约36%；槛墙下部青砖酥碱约15%。	修建公园时因维护不当雨水等渗入建筑底部，导致墙体出现下沉现象；年久失修，雨水排出不畅，墙体湿度过大导致砖体酥碱严重。
木柱	圆木柱，共10根，其中隐柱5根，柱径220—250毫米，柱子素面无地仗油饰。	—	A轴不同程度出现下沉现象；A轴开裂，深约200毫米，长约1500毫米，宽约25毫米。	原有柱下无基础，柱子下沉，建议打牮拨正。木材本身因素从而造成柱开裂。
梁架	大木构架为小式单檐一坡水，前檐采用雀宿檐做法，前檐柱外侧设花篮柱，用夹底及穿连接，并施琵琶撑。单步梁直接搭在柱上，梁上置檩或柁墩上置檩用以形成坡度。	—	木构架裂缝4条，长950毫米，宽12毫米，深22毫米。	地震影响，年久失修。
屋面及木基层	屋面为平顶草泥屋面，底部为直径80毫米圆椽，其上为5毫米厚芦席、150毫米厚麦秸泥，上覆SBS防水层（后期铺设），屋面四周青砖压檐。	2002年维修	屋面因漏雨严重，后期在苫背层上直接铺设SBS防水层，与原有形制不相符；屋面面积共82.15平方米。芦席糟朽约63%，椽子糟朽约53%。	人为改动，年久失修。苫背受雨水冲刷导致破损。
装修	同堂屋砖雕、木雕现状。	—	裙板翘曲、变形1块。	受当地气候影响，干湿度变化大，导致门翘曲、变形。

表3-5　西厢房现状勘察

建筑部位	保存现状	历次维修改动情况	残损状况描述及残损量	残损原因分析
台明及散水	1. 散水：青条砖铺设，宽755毫米。 2. 台明：305毫米 ×150毫米 ×60毫米青条砖立砌。	—	1. 散水共35.98平方米，破损约14%。 2. 台明：高100毫米，长12.52米，破损严重。	年久失修，人为不当干预。
地面	1. 前廊地面：250毫米 ×250毫米 ×60毫米青方砖斜墁。 2. 室内地面：室内地面因多次维修，铺设较为杂乱，一部分为250毫米 ×250毫米 ×60毫米方砖斜墁；另一部分为315毫米 ×150毫米 ×60毫米青条砖席纹铺设，具体铺设位置及样式见堂屋平面图。	2002年维修	1. 前廊：方砖“十”字缝铺设14.39平方米，破损约27%。 2. 室内：方砖斜墁37.52平方米，破损约39%；青条砖“十”字缝铺设6.67平方米，破损约18%。	长时间使用造成地面磨损及损坏；年久失修，人为不当干预。
墙体	墙体下碱310毫米 ×150毫米 ×60毫米，青砖砌筑厚400毫米，上身为360毫米 ×180毫米 ×180毫米土坯砌筑，白灰罩面，墙厚370毫米。	2002年维修	墙体基础有下沉现象，局部开裂，山墙饰面层脱落、空鼓约33%。槛墙下部青砖酥碱约11%。	修建公园时因维护不当，雨水等渗入建筑底部，导致墙体出现下沉现象；年久失修，雨水排出不畅，墙体湿度过大导致砖体酥碱严重。
木柱	圆木柱，共10根，其中隐柱5根，柱径220—250毫米，柱子素面无地仗油饰。	—	A轴不同程度出现下沉现象；A轴开裂，深约200毫米，长约800毫米，宽约25毫米。	原有柱下无基础，柱子下沉，建议打牮拨正。木材本身因素从而造成柱开裂。
梁架	大木构架为小式单檐一坡水，前檐采用雀宿檐做法，前檐柱外侧设花篮柱，用夹底及穿连接，并施琵琶撑。单步梁直接搭在柱上，梁上置檩或柁墩上置檩用以形成坡度。	—	梁架裂缝5条，长760毫米，宽10毫米，深22毫米。	地震影响，年久失修。
屋面及木基层	屋面为平顶草泥屋面，底部为直径80毫米圆椽，其上为5毫米厚芦席、150毫米厚麦秸泥，上覆SBS防水层（后期铺设），屋面四周青砖压檐。	2002年维修	屋面因漏雨严重，后期在苫背层上直接铺设SBS防水层，与原有形制不相符；屋面面积共82.15平方米。芦席糟朽约47%，椽子糟朽约56%。	人为改动，年久失修。苫背受雨水冲刷导致破损。
装修	同堂屋子砖雕、木雕现状。	—	裙板翘曲、变形1块。	受当地气候影响，干湿度变化大，导致门翘曲、变形。

表3-6　院门现状勘察

建筑部位	保存现状	历次维修改动情况	残损状况描述及残损量	残损原因分析
地面	315毫米 ×150毫米 ×60毫米青条砖席纹铺设，具体铺设位置及样式见平面图。	2002年维修	青条砖“十”字缝铺设3.5平方米，破损约15%。	长时间使用造成地面磨损及损坏；年久失修。
墙体	墙体下碱310毫米 ×150毫米 ×60毫米，青砖砌筑厚230毫米。	2002年维修	墙体青砖酥碱约11%，局部开裂。	年久失修，墙体湿度过大导致砖体酥碱严重。
屋面及木基层	屋面原为平顶草泥屋面，后期因屋面漏雨水泥砂浆抹面，屋面四周青砖压檐。	2002年维修	屋面因漏雨严重，后期在苫背层上直接用水泥砂浆抹面，与原有形制不相符。	人为改动，年久失修。苫背受雨水冲刷导致破损。
装修	实木双开门。	—	基本保存完好，局部开裂。门宽2.04米，高2.18米。	因木材自身性质开裂。

表3-7　院落环境现状勘察

名称	残损状况及描述	面积
台阶	共3踏，高460毫米，砂岩。	台阶面积：7.1平方米。
院落地面	甬路：青条砖席纹铺设。 地面：青条砖席纹铺设。	院落面积：181.58平方米。
排水	院内：因后期城市发展，导致周边环境破坏严重，马月坡寨子外围地坪高于院内地坪，雨水无法排出，后期在院内修建了水井，将雨水收集后用水泵排出。 院外：马月坡寨子现地处一公园内，后期依寨子四周修建了排水沟，将雨水最终排至市政排水管网内。	院内：排水口一个，集水井一座。 院外：石制排水渠一周，长75米。

第六章　病害成因分析

一、人为因素

其一，使用功能改变。马月坡寨子在作为仓库等使用时，为方便使用，破损地面维修时所用青砖规格与原有不符，后期居住时为考虑采暖保温效果，门窗增设玻璃。

其二，维修理念制约。2002年进行了维修，但受维修理念及资金等影响，用材不当，屋面铺设现代防水材料。修建修缮广场时防护措施不到位，雨水渗入基础。

其三，其他扰动。周边修建广场时，近距离开挖导致基础受侵扰，自身处于轻微湿陷性黄土地区，加之扰动土体后，雨水下渗，导致基础下沉。

其四，缺少日常维护保养。马月坡寨子始建至今已近百年，时间较长，地面砖等未及时维护，致使破损严重。

二、自然因素

其一，木材自然劣化。由于受自身材料性能所限，木材残损病害主要包括干缩裂缝、弯曲变形、糟朽、劈裂和虫蛀等。

东厢房正面

西厢房

其二，荷载、地震影响。各建筑由于大木构架承受屋面的荷载，随着时间的流逝，受到各种外来因素的影响，特别是受地震因素影响，大木构架承载能力逐渐减退，出现劈裂等现象。组合因素使得木构架存在明显残损点。木构架因漏雨，受雨水侵蚀严重，引发霉变腐烂，导致屋面局部塌陷。

其三，土屋面自身防水性能差，雨水沿渗水通道下渗，使苫背含水率较高，导致屋面重量成倍增加，造成屋面下沉和坍塌。同时，苫背层土体本身黏聚力不高，再加上土层存在不密实、不均匀的问题，发生渗水后，土的含水量增高，土的强度会发生快速而剧烈的降低。同时，在反复冻融作用下，苫背层土体结构逐渐松散，破坏了苫背层的防水功能，导致屋面漏雨和土木基层糟朽。

由于降雨，水在地表汇集，加上地下毛细水上升和冻融循环的共同作用，发生周期性的破坏，使砖体结构松散，强度急剧下降，易形成墙体裂缝、风化、剥落，及墙基部掏蚀病害。另外，土坯砌筑墙体结构整体性差，在地震因素的影响下，墙体极易在应力集中部位开裂，导致墙体失稳。

第七章　勘察结论及建议

马月坡寨子是宁夏目前留存的为数不多的民国时期民居建筑，真实再现了20世纪当地民居的建筑风貌，集结构精巧、风格独特、工艺精湛、美观实用于一体，具有重要的历史、艺术、科学价值。但受种种因素的影响，其历史环境真实性与完整性保存较差，遗留下来的建筑目前也出现不同程度的病害。

马月坡寨子原有建筑格局发生改变，主要是由后期人为不当使用和维修所致，另外，周边环境的改变、材料性能的制约，使原本脆弱的木结构建筑病害更加严重，造成屋面做法与原有不符、屋面过重及漏雨等现象，自然环境及木材本身的原因造成木材腐朽。墙体受地震及水的影响出现开裂现象等。

堂屋主体结构稳定，病害集中在屋面及墙体，建议屋面揭顶维修，拆除后期铺设的防水层，更换糟朽的椽子及芦席，按原做法重做苫背层；大木构架嵌补裂缝，补配垫板及额枋；铲除墙体空鼓部分，按原做法重新抹面，基础部分根据地勘报告及评估进行加固；室内外地面局部补配残损部分；台明及散水进行现状整修；木装修尽可能保留原有装饰构件，不得进行大面积更换。

东、西厢房主体结构稳定，病害集中在屋面及墙体，建议屋面揭顶维修，拆除后期铺设的防水层，更换糟朽的椽子及芦席，按原做法重做苫背层；大木构架嵌补裂缝；木构件进行打牮拨正，恢复至原有位置；墙体铲除空鼓部分，按原做法重新抹面，基础部分根据地勘报告及评估进行加固；室内外地面局部补配残损部分；台明及散水进行现状整修；木装修尽可能保留原有装饰构件。

院门楼：主体结构稳定，病害集中在屋面和门，建议屋面揭顶维修，拆除后期铺设的水泥砂浆，更换糟朽的椽子及芦席，按原做法重做苫背层；门原则上不更换，建议对变形的门扇进行加固，调整门轴。

院落后期用水泥砖铺墁的地面重新青砖糙墁，现有地面更换破损的青砖，原有青砖保存现状较好的。院外青砖保存较好，本次维修时建议保持现状；清理现有排水沟，保持排水通畅。

第四篇

修缮工程设计

第一章　修缮工程设计性质与原则

一、设计依据

（1）《中华人民共和国文物保护法》（2017年修正）。

（2）《中华人民共和国文物保护法实施条例》（2016年）。

（3）《文物保护工程管理办法》（2003年文化部颁布）。

（4）《中国文物古迹保护准则》（2015年）。

（5）宁夏回族自治区实施《中华人民共和国文物保护法》办法。

（6）《古建筑木结构维护与加固技术规范》（GB 50165—2020）。

（7）《文物保护工程设计文件编制深度要求（试行）》（2013年）。

（8）《吴忠市马月坡寨子文物保护修缮工程》勘察报告及勘察图纸。

（9）《宁夏回族自治区吴忠市马月坡寨子文物保护修缮工程岩土工程勘察报告》（宁夏海辉岩土工程有限公司，2020年3月）。

（10）《宁夏回族自治区吴忠市马月坡寨子文物保护修缮工程设计方案评估报告》（北京国文信文物保护有限公司，2019年12月—2020年5月）。

（11）《自治区文物局关于吴忠市马月坡寨子修缮工程勘察设计方案的意见》（宁文物发〔2020〕46号）。

（12）国家现行的有关设计规范。

二、修缮目的

马月坡寨子的修缮，主要是解决建筑目前存在的具体病害和问题，“真实、全面地保存并延续其历史信息和全部价值，通过技术和管理措施，修缮自然和人为造成的损伤，制止新的破坏”，“以消除古建筑安全隐患，维护遗产的真实性和完整性为目的”。

三、修缮范围及性质

根据勘察结论及《文物保护工程管理办法》规定，本工程主要涉及马月坡寨子及周边环境整治、地面清理及局部修补、木材防腐防虫处理、梁架加固、屋面揭顶维修、墙体重做饰面层、墙体裂缝灌浆、基础加固等，均属于保护修缮工程。

四、修缮设计原则与指导思想

马月坡寨子修缮保护遵循“保护为主、抢救第一、合理利用、加强管理”方针，确定如下保护原则。

1. 修缮原则

其一，严格遵守不改变文物原状的原则，尽可能真实完整地保存本次修缮建筑的历史原貌、建筑特色和文物建筑的赋存环境。在修缮过程中以本建筑现有的传统做法为主要修缮措施，尽可能使用原有建筑材料，完整保存原有的建筑构件。

其二，严格遵守最小干预的原则，保护修缮措施尽量减少对完整、稳定构件的人为干预，应以延续现状、缓解损伤为主要目标。保护修缮措施只能用在最必要部分，并减至最低限度。保护文物本体及与之相关的历史、人文和自然环境。

其三，严格遵守可再处理的原则，对丢失的构件进行补配，补配构件采用原材料、原工艺，按照原形制补配；加固部分要与原结构、原构件连接可靠，用材须可再处理。

其四，保护文物及其历史环境真实性及完整性的原则，保护现存实物原状与历史信息，本次修缮工程中，以保护文物核心价值为主要目的，如无可靠结论，不改变其结构及受力方式。不为了追求完整、华丽而改变文物及其历史环境真实性及完整性。

其五，可识别原则。对维修工程中修补和更换的木构件，可采用模印、墨书、色差等方法做出标识，并分别在构件隐蔽部位记录修缮时间，力图让后人在维修中易于识别。

2. 指导思想

其一，本次修缮工程是在全面勘查分析的基础上，在现有的认知和技术条件下，以最大限度保存文物建筑自身所携带的历史信息为前提，采用必要而有效的技术手段，尽力排除不安全因素和遏制各种不利因素对文物本体的侵害。

其二，此次修缮工程坚持不改变文物原状和原形制、原材料、原工艺、原做法的修缮原则。对残损的构件，依据不同的位置、残损的成因、残损的程度，可分别通过剔补、镶补、拼接、辅助材料的加固、墩接等方法，尽可能多地保留原有构件。特别是大木构架的构件，如柱、梁、枋、棋等局部糟朽、开裂严重的，尽量采用环氧树脂和铁件加固等措施对其进行加固。

其三，通过本次修缮，力求真实完整地保存建筑历史风貌和特色，消除建筑安全隐患，达到延年益寿的目的。

第二章　修缮范围及内容

一、修缮范围

修缮工程包括对堂屋、东厢房、西厢房、院门院落的修缮及影响文物本体环境的整治。

表4-1　修缮工程基本信息

	建筑名称	面积（平方米）	修缮性质	修缮部位
马月坡寨子	堂屋	206.92	挑顶维修	地面、墙体、大木构架、屋面、木装修、基础
	东厢房	75.77	挑顶维修	地面、墙体、大木构架、屋面、木装修、基础
	西厢房	75.77	挑顶维修	地面、墙体、大木构架、屋面、木装修、基础
	院门	2.26	挑顶维修	地面、墙体、屋面、木装修
	院落环境	181.58	维修	院落地面、排水、散水

二、修缮内容

根据文物建筑具体残损情况，主要解决文物建筑由于后期修缮不当所造成的残损病害，同时结合结构加固，恢复古建筑原有建筑形制、传统做法及工艺。

1. 堂屋

堂屋台明现状整修，室内外地面根据实际破损量，补配破损严重青砖，铺设形式与做法和现有地面做法一致。墙体基础加固，裂缝灌浆，铲除现有白灰罩面，按原做法重做饰面；屋面保存较差、漏雨严重，则揭顶维修，嵌补裂缝。木装修方面，木雕及砖雕保持现状，不得补配及更换，恢复原有建筑功能和建筑风貌。

2. 东厢房

东厢房台明现状整修，室内外地面根据实际破损量补配破损严重青砖，铺设形式与做法和现有地面做法一致。墙体基础加固，裂缝灌浆，拆除现有白灰罩面，重做饰面；木构件打牮拨正，屋面保存较差，漏雨严重，揭顶维修，嵌补裂缝。整修木装修，木雕及砖雕保持现状，不得补配及更换。

3. 西厢房

补配阶条石，室内外地面根据实际破损量，补配破损严重青砖，铺设形式、做法与现有地面做法一致。墙体基础加固，裂缝灌浆，拆除现有白灰罩面，重做饰面；木构件打牮拨正，屋面保存较差，漏雨严重，揭顶维修，嵌补裂缝。整修木装修，木雕及砖雕保持现状，不得补配及更换。

4. 院门院落

地面整修，补配破损青砖；墙体酥碱的青砖剔补，屋面重新苫背，门等整修嵌补裂缝。

5. 环境

地面：院落地面补配破损严重青砖，其余地面保持现状。

排水：因院外地坪高于院内地坪，而院外地坪大面积降低无法实现，故本次只对现有排水进行疏通，待后期整体环境整治时重新规划修建排水设施。

散水：对基础加固时需揭墁的青砖散水，待四周基础加固完成后按原做法重新铺墁，未涉及区域的散水保持现状。

第三章　修缮工程做法要求

第一节　修缮工程做法

一、注意事项

维修中，重点做好对文物本体的保护，尤其注意做好对木雕及砖雕的保护，应采取封护的保护方式。

二、用材

1. 青砖

依据《文物建筑维修基本材料　青砖》（WW/T 0049—2014）行业标准，选用青砖抗压强度应不小于10兆帕，抗折强度应不小于1.5兆帕，本工程地面青砖尺寸选用250毫米 ×250毫米 ×60毫米方砖、310毫米 ×150毫米 ×60毫米条砖。

2. 木材

根据《文物建筑维修基本材料　木材》（WW/T 0051—2014）行业标准，维修使用的木材，应尽量提前备料，使用前应经过干燥处理，检验全部构件的含水率，梁、枋、檩、椽、板、连檐等风干至合格含水率，其含水率应满足当地木材平衡含水率上下偏差的要求（±2%—±3%）。木装修可采用烘干式，其含水率应满足当地木材平衡含水率上下偏差的要求（±5%）。

3. 石材

本设计台明阶条石均选用砂岩，依照《文物建筑维修基本材料　石材》（WW/T 0052—2014）选材要求及标准，选用与原木材物理力学性能及颜色相近的木材代替，更换及添派的柱、梁、檩、枋类构件选用樟子松，强度等级TC13；椽类、板类、木枋、木装修选用红松，强度等级 TC13。

表4-2 木材含水率要求

序号	木构件	含水率
1	柱、梁、枋、檩	当地木材年平衡含水率 –2% ≤含水率≤当地木材年平衡含水率 +2%
2	椽类、板类、木枋	当地木材年平衡含水率 –3% ≤含水率≤当地木材年平衡含水率 +3%
3	木装修	当地木材年平衡含水率 –5% ≤含水率≤当地木材年平衡含水率 +5%

4. 砌体要求

补配青砖、瓦件材质应与建筑上残留的材质、尺寸相同。

表4-3 更换补配青砖、瓦件材料

序号	材料类别	材料名称	材料配比	尺寸规格（毫米）	强度	含水率	补配位置
1	瓦件	板瓦	以黏土为主要材料，按传统工艺烧制成青灰色烧结瓦	$2^{\#}$筒板瓦	青瓦弯曲破坏荷载应不小于850牛顿	青瓦吸水率不应大于17%	屋面
		筒瓦					
		脊饰	以黏土为主要材料，按传统工艺烧制		脊饰曲破坏荷载应不小于850牛顿	吸水率不应大于17%	
2	青砖	青方砖	以黏土为主要材料，按传统工艺烧制成青灰色烧结砖	青方砖	青砖抗压强度不小于10兆帕	青砖单块吸水率不应大于18%	室外地面
		青条砖		青条砖			下碱

三、材料及配比

1. 大麻刀灰

灰：麻刀 =100：5。

2. 小麻刀灰

灰：麻刀 =100：3，打点勾缝，麻刀经加工后，长度不超过1.5厘米。

3. 护板灰

灰：麻刀 =100：2。

4. 滑秸泥

泥：滑秸 =100：20，体积比。滑秸应经石灰水烧软后再与泥拌匀，苫背层。

5. 掺灰泥

灰：黄土 =3：7，体积比。瓦瓦，墁地。

6. 白灰浆

内墙刷浆，泼灰加水搅成浆状，经细筛过淋后使用。

7. 细草泥

当地黄土、麦壳、白灰与水拌制，每100公斤掺白灰8公斤、麦壳10公斤，用于墙体罩面。

8. 大草泥

当地黄土、麦秸、白灰与水拌制，每100公斤掺白灰10公斤、麦秸12公斤，用于墙体内外墙皮打底。

9. 环氧树脂

成分是E-44环氧树脂、多乙烯多胺、二甲苯。配合比（按重量计）：E-44环氧树脂100公斤、多乙烯多胺13—16公斤、二甲苯5—10公斤。主要用于木构架裂缝嵌补。

四、施工修缮细则

1. 地面

对于单块青砖裂缝少于3条的保持现状，碎裂严重的挖补处理，保留碎裂不严重的青砖。

（1）室内地面：局部挖补，按实际破损量补配青砖，原土夯实，铺150毫米厚3：7灰土垫层，50毫米掺灰泥，用方砖（250毫米 ×250毫米 ×60毫米）斜纹（与现有铺设形式一致）糙墁，麻刀灰勾缝。

（2）室外地面：局部挖补，按实际破损量补配青砖，原土夯实，铺150毫米厚3：7灰土垫层，50毫米掺灰泥，用青砖（250毫米 ×250毫米 ×60毫米方砖、310毫米 ×150毫米 ×60毫米条砖）糙墁铺设，白灰沙土扫缝。

（3）散水：局部补配残损，更换破损青砖。原土夯实，铺150毫米厚3：7灰土垫层，找坡1%，50毫米厚掺灰泥，20毫米厚白灰砂浆做底，用青砖（310毫米 ×150毫米 ×60毫米）席纹糙墁，白灰浆勾缝；散水外侧竖立牙子砖（310毫米 ×150毫米 ×60毫米青砖）一道。

（4）台明：进行现状整修，尽可能保留原有构件，麻刀灰勾缝。

（5）台阶：进行现状整修，铺150毫米厚3∶7灰土垫层，50毫米掺灰泥，20毫米厚白灰砂浆做底，上置砂岩。

2. 墙体

（1）基础：墙体有下沉现象，原建筑未做基础，需进行加固处理。

必要性：依据地勘单位提供的岩土工程勘察报告，基础的持力层含有一层Ⅱ级湿陷性黄土，周边广场施工期间地层被水浸泡，基础发生沉降，逐渐保持稳定，但地层中黄土的湿陷性未完全消失，后期若受持续雨水或周边广场用水的浸泡，地基将继续发生沉降，为保持基础的稳定性，建议采取基础加固，避免基础沉降改变墙体的稳定性，对文物造成破坏。

（2）地基加固说明。

基础加固前需对所有墙体及大木构件进行支护，保证其安全性，待基础加固检验合格后方可拆卸，同时对墙体上的砖雕及木构件上的木雕等进行保护，不得损害。

根据《建筑结构荷载规范》《建筑地基基础设计规范》等，对有损毁的建筑基础采用硅化注浆加固法对相关地基进行加固处理。硅化加固地基如下说明：

①材料要求：水玻璃。模数宜为2.5—3.3，不溶于水的杂质含量不得超过2%，颜色透明或稍显混浊。

②主要机具设备有振动打拔管机（振动钻或三角穿心锤）、注浆花管、压力胶管、连接钢管、齿轮泵、压力表、磅秤、浆液搅拌机、贮液罐、三脚架等。

③作业条件。

a. 根据工程地质勘察报告、地下埋设物位置资料及对地基加固的要求等。

b. 备齐所需机具设备，并经试用处于良好状态。

c. 进行现场试验，确定各项施工工艺参数。

④施工工艺。

a. 工艺流程：机具设备安装——定位打管（人工钻）——封孔——配制浆液、注浆——拔管——管子冲洗、填孔——辅助工作。

b. 机具设备安装：先将三脚架安放于预定孔位，调好高度和角度，然后将注浆泵及管路连接好；再安装压力表，并检查是否完好；最后进行试运转。

c. 打管（钻）、封孔：根据注浆深度及每根管的长度配管；再根据钻孔或三脚架的高度，将配好的管用打入法或钻孔法逐节沉入土中，保持垂直度和距离正确，管子四周空隙用土填塞密实。

d. 配制浆液：先用波美计测量原液密度和波美度，并做好记录；然后根据设计配制，使其达到要求的密度；配制好的溶液应保持干净，不得含有杂质。

e. 硅化加固的土层以上应保留1米厚的不加固土层，以防溶液上冒，必要时需填素土或灰土。

f. 注浆孔的孔径宜为70—110毫米，垂直高度偏差应 <1%，深度应达加固体底部，待封闭泥浆凝固后，移动花管或单管自下而上或自上而下注浆，每次上拔或下钻高度宜为500毫米。当注浆压力大于设计压力2—3倍时仍然灌不进去，即可停止注浆。

g. 注浆顺序应跳孔间隔均匀，对称进行，宜先外围后内部，严禁分块集中连续注浆。

h. 土体硅化完毕，分级将管子拔出，遗留孔洞用1：5水泥砂浆封孔。拔出的管子用压力水清洗干净，以备再用。

⑤质量检验。

a. 注浆检验应在注浆结束28天后进行。可选用标准贯入、轻型动力触探或静力触探对加固地层进行检测。

b. 注浆检验点可为注浆孔数的2%—5%。当检验点合格率 <80%，或虽大于80% 但平均值达不到强度或防渗要求时，均应对不合格的注浆区域复注浆。

（3）墙体维修措施。

建筑墙体面层受风吹雨淋，开裂、鼓胀和脱落，应局部补抹或全部重抹。补抹或重抹时，应先将旧面层铲除干净，按原做法分层，按原厚度抹制（白灰厚3毫米、大草泥灰厚12毫米），赶压坚实平整。土坯酥碱或破损深度不超过20毫米的随墙面抹灰处理。

槛墙青砖酥碱，采取剔补的方法，用小铲子或凿子将酥碱部分剔除干净，用原尺寸的砖块，砍磨加工后按原位镶嵌，黏接牢固。

裂缝灌浆：对于较小裂缝（宽度在7厘米以下）采用低压灌浆，灌浆前使用加固材料对裂缝两侧面喷洒渗透，然后再用加固材料渗透加固裂隙两壁，最后再进行裂缝注浆。夯土灌浆采用低压灌浆，注浆压力不超过0.1兆帕，材料为黏土、细砂、石灰，按1：2：0.5比例配比，掺入2.0%料礓石粉。黏土、细砂、石灰均要过筛，石灰用熟石灰。灌浆加固前要先做试验，根据当地材料性质调整配比。对较宽的裂缝采用锚杆加固加灌浆的方法加固。沿裂缝按竖向间距500毫米埋设直径10毫米的塑胶注浆管，按自下而上的次序通过注浆管进行裂缝注浆，注浆时，应时刻注意注浆管周围夯土墙体的情况变化，避免注浆过量导致裂隙膨胀。若裂缝较窄，可适当减小浆液黏度，增大可灌性，灌浆完成并达到胶凝固化状态后，拔出注浆管填堵注浆孔，抹平做旧。施工期间对工作面应采取防晒措施，使加固体缓慢阴干。

3. 木构件的维修

（1）对鼓闪、扭曲、倾斜部位进行打牮拨正，折裂、糟朽木构架进行更换、补配修缮。

具体操作方法是，屋面拆除后，挑开椽子将望板卸下。桁枋、垫板及其他构件都不落架，墙身如果完好可以不动，但需掏挖柱门，将影响工作的装修拆除后堆放整齐。用杉槁（也可用其他现有圆木、方木或大板），扎绑绳、标棍等，绑好迎门戗（顺梁身方向，和梁身呈180° 角的支撑斜柱）

和捋门戗（在梁身中部，和梁身呈90° 角的支撑斜柱），打好撞板（绑戗工作应在拆挑屋面之前做好，以免发生危险）。

木构架首先应活动松开，然后再进行归安，先检查梁架，把梁架的各构件调整好之后，将屋面上的桁枋椽望整理复原后，再将前檐柱及其他有关柱子都吊直扶正，找出侧脚，把所有的戗杆依次绑好。为了保证施工操作安全，在屋面和墙身工程未结束之前不要撤去戗杆。发戗（指推拉戗杆的过程）时，所有操作人员要统一用力，指挥发戗者要稳健、果断，掌握发戗程度要准确。所有操作戗杆的人也应精力集中，听从指挥。屋顶上的操作人员要注意安全，把屋顶上的工具和各种物品放好，移动时，要选择落脚点，不要把拆卸松动的木构件蹬翻，上下要配合协调，以免发生事故。高大建筑物的木构架体积大，用人力不能归安时，可以使用起重工具，如绞磨或起重吊车等。

注意事项如下：

①先将歪闪严重的建筑支顶上戗杆，防止继续歪闪倾圮。

②铲掉泥背，拆去山墙、槛墙等支顶屋，拆掉望板、椽子，露出大木构架。

③将木构架榫卯处的涨眼料（木榫）、卡口等去掉，有铁件的，将铁件松开。

④在柱子外皮，复上中线、升线（如旧线清晰可辨，也可用旧线）。

⑤依构架歪闪的反方向支顶牮杆，同时吊直拨正使歪闪的构架归正。

⑥稳住戗杆并重新掩上卡口，堵塞涨眼，加上铁活，垫上柱根，然后掐砌槛墙、砌山墙、钉椽望、苫背。全部工作完成后撤去戗杆。

木构件打牮、拨正时以恢复稳定的受力状态为准，不得按新做大木架施工验收标准，不可因求平求齐而扰动结构已稳定部分（以结构构件受力状态未被改变为准）。

在抽换木构件的部位，要注意新安装的木构件与原结构（墙体）联结紧密，要填实空隙，防止变形；在维修和更换木梁时，尽可能在梁与墙的搭接处增设木梁垫，减少因局部压力造成的梁端、墙体开裂。

（2）木构件变形维修：木构件挠曲在允许范围之内，可不予处理，但如果直接引起檐口弯曲等建筑外观变形，应对檩子进行反转加压，即拆下后在现场反转放置，用重物加压，使其基本恢复平直；如效果不理想，则应在相应部位适当增加椽花高度，使相关椽头高度保持一致，消除外观变形。

（3）脱榫构件归安：将拔榫构件重新归位，用扁铁加固，并重新塞好涨眼、卡口，抽换木柱。先支顶固定梁架，支起高度要大于柱高30毫米，然后将柱子抽换，更换柱与雀替间加木销连接，增强抗剪切力。柱根下为三合土地面，增加300毫米 ×300毫米 ×60毫米石板柱顶石，防止地面下沉造成梁架歪闪。

（4）椽子检修：椽子的毁坏情况多为糟朽、劈裂、弯垂、缺失。椽子糟朽是由于屋顶长时间严重漏雨引起的。劈裂现象主要是由木材本身在干燥过程中内外收缩不一致而引起的，施工中使用湿木材常会发生此种现象。

①残毁旧椽选用标准：拆下的旧椽安装前需进行清理、修补，挑选可用的构件，查清修补更换数目。

糟朽：局部糟朽不超过原有直径的2/5的认为是可用构件。但需注意糟朽的部位，如是在檐椽位置，椽头糟朽不能承托连檐时则需更换构件。

劈裂：不超过直径的1/2，长度不超过全长的2/3认为是可用构件。椽尾虽裂但仍能钉钉的也应继续使用。

弯垂：由于受力超重而弯曲的，不超过长度2％的认为是可用构件。自然弯曲的构件不在此列。

②加固方法：细小的裂缝一般暂不做处理，随断白时刮腻子抿实。较大的裂缝（0.2—0.5厘米以上），嵌补木条，用胶粘牢或在外围用落铁条包

钉加固。应将糟朽部分砍刮干净，用拆下的旧料按糟朽部位的形状、尺寸，砍好再用胶粘牢。椽子顶面（底面为看面）糟朽在1厘米以内的，一般只将糟朽部分砍刮干净，不再钉补。

③更换椽子：尽量使用旧料更换，首先考虑的是建筑本身的旧椽料。椽子数量多，且各种椽子的长度也不相同。檐椽最长，其次是脑椽，花架椽最短。常常是将不合格的檐椽改做脑椽或花架椽。如必须更换新料，应注意以下几点：圆椽用一等杉木，长度、直径按原尺寸。应保证檐椽的大头尺寸。按操作程序，在椽头画出八角形，然后依线改圆刨光。一般不用枋材改制圆椽，如用枋材，遇到边材部分很易弯曲、起翘，影响质量。如受条件限制使用枋材，要注意材料的选择，以木纹顺直为准。斜木纹或扭丝纹材料极易断折，不能使用。

（5）柱子维修：当柱子的干缩裂缝深度不超过柱径（方柱为该方向截面尺寸）的1/3时，按嵌补的方法进行修整。裂缝不超过3毫米时，不予处理。当裂缝宽度为3—30毫米时，用木条嵌补，并用耐水性胶黏剂粘牢。当裂缝宽度超过30毫米时，除用木条嵌补外，要在柱的开裂处加2—3道铁箍。开裂段较长时，箍距不大于0.5米。要求用特制夹具加安铁箍，使铁箍嵌入柱内，外皮与柱外皮齐平。

当干缩裂缝深度超过柱径的1/3时，或因梁架倾斜、扭转而导致柱身产生纵向裂缝时，须待构架整修复位后，方可按上述方法处理。

对于柱心完好，仅为表层糟朽且经核验在安全限度以内的，可将糟朽部分剔除干净，经防腐处理后，用干燥木材依原制修补整齐，并用环氧树脂黏接。柱脚糟朽但自柱底向上未超过柱高的1/4时，用墩接的方法处理。

墩接：先剔除糟朽部分，再依据剩余部分选择使用巴掌榫或抄手榫。施工时应注意榫头严丝合缝，用特制夹具加安铁箍，使铁箍嵌入柱内。柱脚糟朽部分高度小于200毫米时，用石料墩接。将石料加工成小于露明柱柱径100毫米的矮柱，周围用厚木板包镶钉牢，并在与原柱接缝处加铁箍一道。

4. 屋面做法

屋面揭顶后，检查木基层及椽子，糟朽严重的按原形制更换，应特别注意的是，对于芦席糟朽及风化缺失部位，采用原材质、原工艺、原做法补配，补配的芦席直接铺设在糟朽上部，且四周搭接长度不少于1米。

根据当地传统做法苫背层由下而上分三层，从木椽向上依次为芦席、苇帘、麦秸、灰泥背（100毫米，分两次铺设，待每层晾干至七成时赶压密实，拍打提浆）。

灰泥背的比例按白灰：黄土 =1：3配制，并在泥背内按每100斤白灰掺入5—10斤麦秸。泥背抹压要前后坡、东西两端四面同时进行，以免屋架失衡。待泥背干到七成时进行拍背，拍打出浆后用木抹子压实平整，同时在脊部用麻丝由前而后披在脊上，麻入泥中，以更利于脊部泥层牢固。泥背完成后进行“凉背”。

5. 木装修修缮方法

补配缺失的木装修构件（雀替等），整修歪闪、断裂的窗心。心屉补配时应根据旧棂条的样式配置，单根做好后，先进行试装，完全合适时，再与旧棂条拼合粘牢。

窗户原裱糊的白纸风化严重，本次维修按当地传统做法用糨糊重新裱糊风化区域的白纸，不得使用现代化工胶类进行裱糊，铲除原有白纸时不得损害木构件。

本次维修应注意对现有木雕及砖雕的保护，砖雕等保持现状，不得更换。

6. 木材防虫、防腐处理要求

（1）ACQ-D 特点：具有防虫范围广、瞬间超强渗透、抗流失性能好、注入木材固化后瞬间生成非溶性化合物、不易挥发、不易受雨水或土壤水分影响而流失、不影响油漆施工、不降低木材强度和绝缘性、提高阻燃性能等特点。

（2）浸泡处理：将木材放入处理槽中，通过毛细作用使药剂进入木材，用于原木构件和小型新木构件的防腐处理，处理时根据木构件的大小、新旧和含水率采取不同的工艺。

（3）喷淋、涂刷和注射处理：使用ACQ-D处理不落架木构件。

（4）补救处理：由于一些木构件防腐处理后其表面、端头和榫卯又被切刨，削弱了防腐处理效果，必须及时补救。

操作之前首先清理干净木材表面的附着物，然后选择本品，和水按1：10比例稀释混合后。配置成10%的水溶液，进行涂刷、喷洒或浸泡处理。

涂刷喷洒处理（不落架木构件，有彩绘木构件保持现状），以木材表面充分吸收即完全润湿为标准，建议和水稀释比例为1：10，涂刷以2—3次为宜。

浸泡处理（补配木构件）：以水完全覆盖木材为标准。建议用水稀释比例为1：（8—10），浸泡处理12—24小时。

7. 保护棚

屋顶苫背揭除后，梁架上苫布，再进行维修，防止雨水对梁架等造成破坏；严格按照施工图和设计要求施工，确保施工质量和文物安全。施工前首先根据现场具体情况做好文物保护棚架或相应保护措施，确保维修范围内一切可移动及不可移动文物的安全。

表4-4　堂屋修缮做法

建筑部位	保存现状	残损状况描述及残损量	修缮做法	材料及技术要求
台明及散水	1. 散水：青条砖铺设，宽755毫米。 2. 台明：阶条石1020毫米 ×250毫米 ×150毫米砂岩，250毫米 ×250毫米 ×60毫米方砖“十”字缝铺。	1. 散水破损约35%。 2. 台明：高80毫米，面积6.13平方米，23块条砖破损。	1. 散水：局部挖补，更换破损青砖，原土夯实，铺150毫米厚3：7灰土垫层，找坡1%，50毫米厚掺灰泥，20毫米厚白灰砂浆做底，用青砖（310毫米 ×150毫米 ×60毫米）席纹糙墁铺设，白灰浆勾缝；散水外侧竖立牙子砖（310毫米 ×150毫米 ×60毫米青砖）一道。 2. 台明：进行现状整修，尽可能保留原有构件，麻刀灰勾缝。	1. 勾缝灰使用麻刀灰及白灰浆。 2. 台面坡度1%（与原有做法同）。 3. 铺设完成后应达到地面整齐美观，棱面宽直，砖面无灰浆，灰缝严密、均匀；灰浆未完全凝固前，注意养护，不得随意踩踏。
地面	1. 前廊地面：250毫米 ×250毫米 ×60毫米方砖“十”字缝铺。 2. 室内地面：因多次维修，铺设较为杂乱，一部分为250毫米 ×250毫米 ×60毫米方砖斜墁；另一部分为315毫米 ×150毫米 ×60毫米青条砖席纹铺设，具体铺设位置及样式见厢房平面图。	1. 前廊：“十”字缝铺设方砖4.66平方米，方砖斜墁20.55平方米。 2. 室内：方砖斜墁43.78平方米，破损约35%；青条砖席纹铺设83.82平方米，破损约55%。	单块青砖裂缝少于3条的保持现状，碎裂严重的挖补处理，保留碎裂不严重的青砖。 1. 室内地面：局部挖补，按实际破损量补配青砖，原土夯实，铺150毫米厚3：7灰土垫层，50毫米掺灰泥，用方砖（250毫米 ×250毫米 ×60毫米）斜纹（与现有铺设形式一致）糙墁，麻刀灰勾缝。 2. 室外地面：局部挖补，按实际破损量补配青砖，原土夯实，铺150毫米厚3：7灰土垫层，50毫米掺灰泥，用方砖（250毫米 ×250毫米 ×60毫米）糙墁铺设，白灰沙土扫缝。	砖底铺三合土，设计配合比为熟石灰：泥土=3：7，厚为150毫米。
墙体	墙体下碱310毫米 ×150毫米 ×60毫米青砖砌筑，厚425毫米，上身为360毫米 ×180毫米 ×90毫米土坯砌筑，白灰罩面，墙厚370毫米。	山墙饰面层脱落、空鼓约36%；槛墙下部青砖酥碱约15%。	剔补酥碱或破损深度超过20毫米土坯砖，更换酥碱或破损深度超过8毫米青砖。加固基础（见设计方案及基础加固图纸）。墙体酥碱或破损深度不超过20毫米的土坯砖块，不进行剔补，随墙体草泥打底进行修补。	1. 土坯砌筑方式为一甃二卧。土坯尺寸为360毫米 ×180毫米 ×90毫米。 2. 青砖尺寸为310毫米 ×150毫米 ×60毫米。 3. 槛墙与柱相接部位砌筑方式见设计图纸大样。 4. 墙体拆除砖块按不同部位分类整体码放，注意防雨保护。

续表

建筑部位	保存现状	残损状况描述及残损量	修缮做法	材料及技术要求
木柱	圆木柱，共30根，其中隐柱22根，柱径240—290毫米，柱子素面无地仗油饰。	A轴开裂，深约270毫米，长约900毫米，宽约90毫米。	5毫米<劈裂裂缝<50毫米时，用干燥旧木条嵌补，用结构胶粘牢。 劈裂裂缝>50毫米时，木条嵌补，用结构胶粘牢，加铁箍1—2道，宽80—100毫米，厚4—5毫米剔补柱根糟朽部分，用干燥旧木料墩接，并加铁箍2道。	结构胶选用环氧树脂胶。
梁架	大木构架为小式单檐一坡水，檐柱顶部置平板枋，枋下施额枋，额枋下为雀替。单步梁搭在平板枋上，另一端直接插入金柱，金柱与金柱间架梁，梁上置檩或花栋上置檩用以形成坡度，后金柱与后檐柱间架梁，上部置椽，用以支撑屋面望板。	木构件裂缝11条，长约1500毫米，宽15毫米，深35毫米。	劈裂裂缝宽度≤5毫米时，随油饰彩画用腻子勾抿严实；劈裂裂缝宽度>5毫米，长不超过1/2L，深不超过1/4B时，用干燥旧木条嵌补，用结构胶粘牢，视具体情况确定是否加铁箍；劈裂裂缝宽度>20毫米，长、深均超过前条时，木条嵌补，加铁箍1—2道，宽50—100毫米，厚3—4毫米。	木条嵌补前应先清理裂缝内部灰尘，剃平毛刺，嵌补木条外形与裂缝相似，不可强行将较宽木条砸入裂缝，嵌补粘牢后剃平多余部分，使木条表面与构件保持齐整、平顺。
屋面及木基层	屋面为平顶草泥屋面，底部为直径80毫米圆椽，其上为5毫米厚芦席、150毫米厚麦秸泥，上覆SBS防水层（后期铺设），屋面四周青砖压檐。	屋面因漏雨严重，后期在苫背层上直接铺设SBS防水层，与原有形制不相符；屋面面积共198.99平方米，芦席糟朽约56%，椽子糟朽约45%。	椽子细小裂缝，不做处理；劈裂>5毫米，同梁枋嵌补椽、飞头糟朽，当糟朽长度<10毫米时，砍刮干净糟朽部分并进行防腐处理，糟朽严重时，剔除糟朽部分之后用干燥旧木料拼接粘牢，然后加铁箍1—2道，铁箍长度不得小于50毫米。根据当地传统做法，苫背层由下而上分三层，从木椽向上依次为芦席、护板灰（20毫米）、灰泥背（100毫米，分两次铺设，待每层晾干至70%时赶压密实，拍打提浆）。	更换木构件，使用国产TC13樟子松，并做防虫措施。
装修	砖雕主要用于封檐砖和窗台下的砖罩面，内容十分丰富，图案线条流畅。木刻工艺更是精湛，多采用镂雕、浮雕、浅刻等手法。	裙板翘曲、变形2块；窗户纸全部风化。	归正翘曲变形木装修，补配缺失棂条。	更换木构件，使用国产TC13樟子松，并做防虫措施。

表4-5　东厢房修缮做法

建筑部位	保存现状	残损状况描述及残损量	修缮做法	材料及技术要求
台明及散水	1. 散水：青条砖铺设，宽755毫米。 2. 台明：305毫米 ×150毫米 ×60毫米青条砖立砌。	1. 散水共破损约23%。 2. 台明：高100毫米，长12.52米，风化严重。	1. 散水：局部补配残损，更换破损青砖。原土夯实，铺150毫米厚3：7灰土垫层，找坡1%，50毫米厚掺灰泥，20毫米厚白灰砂浆做底，用青砖（310毫米 ×150毫米 ×60毫米）席纹糙墁铺设，白灰浆勾缝；散水外侧竖立牙子砖（310毫米 ×150毫米 ×60毫米青砖）一道。 2. 台明：进行现状整修，尽可能保留原有构件，麻刀灰勾缝。	1. 勾缝灰使用麻刀灰。 2. 台面坡度3%（与原有做法同）。 3. 铺设完成后应达到地面整齐美观，棱面宽直，砖面无灰浆，灰缝严密、均匀；灰浆未完全凝固前，注意养护，不得随意踩踏。
地面	1. 前廊地面：250毫米 ×250毫米 ×60毫米青方砖斜墁。 2. 室内地面：室内地面因多次维修，铺设较为杂乱，一部分为250毫米 ×250毫米 ×60毫米方砖斜墁；另一部分为315毫米 ×150毫米 ×60毫米青条砖席纹铺设，具体铺设位置及样式见堂屋平面图。	1. 前廊：方砖“十”字缝铺设14.39平方米，破损约33%。 2. 室内：方砖斜墁37.52平方米，破损约30%；青条砖“十”字缝铺设6.67平方米，破损约23%。	单块青砖裂缝小于3条的保持现状，碎裂严重的挖补处理，保留碎裂不严重的青砖。 1. 室内地面：局部补配残损，按实际破损量补配青砖，原土夯实，铺150毫米厚3：7灰土垫层，50毫米掺灰泥，用方砖（250毫米 ×250毫米 ×60毫米）斜纹（与现有铺设形式一致）糙墁，麻刀灰勾缝。 2. 室外地面：局部补配残损，按实际破损量补配青砖，原土夯实，铺150毫米厚3：7灰土垫层，50毫米掺灰泥，用方砖（250毫米 ×250毫米 ×60毫米）糙墁铺设，白灰砂土扫缝。	砖底铺三合土，设计配合比为熟石灰：泥土=3：7，厚150毫米。
墙体	墙体下碱310毫米×150毫米 ×60毫米，青砖砌筑厚400毫米，上身为360毫米 ×180毫米 ×180毫米土坯砌筑，白灰罩面，墙厚370毫米。	山墙饰面层脱落、空鼓约36%；槛墙下部青砖酥碱约15%。	更换酥碱或破损深度超过20毫米的土坯砖，更换酥碱或破损深度超过8毫米的青砖。加固基础（见设计方案及基础加固图纸）。墙体酥碱或破损深度不超过20毫米的土坯砖块，不进行剔补，随墙体草泥打底进行修补。	1. 土坯砌筑方式为一甃二卧；土坯尺寸为360毫米 ×180毫米 ×90毫米。 2. 青砖尺寸：310毫米 ×150毫米 ×60毫米。 3. 槛墙与柱相接部位砌筑方式见设计图纸大样。 4. 墙体拆除砖块按不同部位分类整体码放，注意防雨保护。

续表

建筑部位	保存现状	残损状况描述及残损量	修缮做法	材料及技术要求
木柱	圆木柱共10根，其中隐柱5根，柱径220—250毫米，柱子素面无地仗油饰。	A轴不同程度出现下沉现象；A轴开裂，深约200毫米，长约7500毫米，宽约25毫米。	5毫米<劈裂裂缝<50毫米时，用干燥旧木条嵌补，用结构胶粘牢。劈裂裂缝>50毫米时，木条嵌补，用结构胶粘牢，加铁箍1—2道，宽80—100毫米，厚4—5毫米。剔补柱根糟朽部分，用干燥旧木料墩接，并加铁箍2道。	结构胶选用环氧树脂胶。
梁架	大木构架为小式单檐一坡水，檐柱顶部置平板枋，枋下施额枋，额枋下为雀替。单步梁搭在平板枋上，另一端直接插入金柱，金柱与金柱间架梁，梁上置檩或花栋上置檩用以形成坡度，后金柱与后檐柱间架梁，上部置椽，用以支撑屋面望板。	木构架裂缝8条，长950毫米，宽12毫米，深22毫米。	劈裂裂缝宽度≤5毫米时，随油饰彩画用腻子勾抿严实；劈裂裂缝宽度>5毫米，长不超过1/2 L，深不超过1/4 B时，用干燥旧木条嵌补，用结构胶粘牢，视具体情况确定是否加铁箍；劈裂裂缝宽度>20毫米，长、深均超过前条时，木条嵌补，加铁箍1—2道，宽50—100毫米，厚3—4毫米。	木条嵌补前应先清理裂缝内部灰尘，剃平毛刺，嵌补木条外形与裂缝相似，不可强行将较宽木条砸入裂缝，嵌补粘牢后剃平多余部分，使木条表面与构件保持齐整、平顺。
屋面及木基层	屋面为平顶草泥屋面，底部为直径80毫米圆椽，其上为5毫米厚芦席、150毫米厚麦秸泥，上覆SBS防水层（后期铺设），屋面四周青砖压檐。	屋面因漏雨严重，后期在苫背层上直接铺设SBS防水层，与原有形制不相符；屋面面积共82.15平方米。芦席糟朽约63%，椽子糟朽约53%。	椽子细小裂缝不做处理；劈裂>5毫米，同梁枋嵌补椽、飞头糟朽，当糟朽长度<10毫米时，砍刮干净糟朽部分并进行防腐处理。糟朽严重时，剔除糟朽部分之后用干燥旧木料拼接粘牢，然后加铁箍1—2道，铁箍长度不得小于50毫米。根据当地传统做法苫背层由下而上分三层，从木椽向上依次为芦席、护板灰（20毫米）、灰泥背（100毫米，分两次铺设，待每层晾干至七成时赶压密实，拍打提浆）。	更换木构件，使用国产TC13樟子松，并做防虫措施。
装修	砖雕主要用于封檐砖和窗台下的砖罩面，内容十分丰富，图案线条流畅。木刻工艺更是精湛，多采用镂雕、浮雕、浅刻等手法。	裙板翘曲、变形1块。	归正翘曲、变形木装修，补配缺失棂条。	更换木构件，使用国产TC13樟子松，并做防虫措施。

表4-6　西厢房修缮做法

建筑部位	保存现状	残损状况描述及残损量	修缮做法	材料及技术要求
台明及散水	1. 散水：青条砖铺设，宽755毫米。 2. 台明：305毫米 ×150毫米 ×60毫米青条砖立砌。	1. 散水破损约23%。 2. 台明：高100毫米，长12.52米，风化严重。	1. 散水：局部补配残损，更换破损青砖，原土夯实，铺150毫米厚3：7灰土垫层，找坡1%，50毫米厚掺灰泥，20毫米厚白灰砂浆做底，用青砖（310毫米 ×150毫米 ×60毫米）席纹糙墁，白灰浆勾缝；散水外侧竖立牙子砖（310毫米 ×150毫米 ×60毫米青砖）一道。 2. 台明：进行现状整修，尽可能保留原有构件，麻刀灰勾缝。	1. 勾缝灰使用麻刀灰。 2. 台面坡度3%（与原有做法同）。 3. 铺设完成后应达到地面整齐美观，棱面宽直，砖面无灰浆，灰缝严密、均匀；灰浆未完全凝固前，注意养护，不得随意踩踏。
地面	1. 前廊地面：250毫米 ×250毫米 ×60毫米青方砖斜墁。 2. 室内地面：因多次维修，铺设较为杂乱，一部分为250毫米 ×250毫米 ×60毫米方砖斜墁；另一部分为315毫米 ×150毫米 ×60毫米青条砖席纹铺设，具体铺设位置及样式见堂屋平面图。	1. 前廊：方砖“十”字缝铺设14.39平方米，破损约33%。 2. 室内：方砖斜墁37.52平方米，破损约30%；青条砖“十”字缝铺设6.67平方米，破损约23%。	单块青砖裂缝小于3条的保持现状，碎裂严重的挖补处理，保留碎裂不严重的青砖。 1. 室内地面：局部挖补，按实际破损量补配青砖，原土夯实，铺150毫米厚3：7灰土垫层，50毫米掺灰泥，用方砖（250毫米 ×250毫米 ×60毫米）斜纹（与现有铺设形式一致）糙墁，麻刀灰勾缝。 2. 室外地面：局部补配残损，按实际破损量补配青砖，原土夯实，铺150毫米厚3：7灰土垫层，50毫米掺灰泥，用方砖（250毫米 ×250毫米 ×60毫米）糙墁铺设，白灰沙土扫缝。	砖底铺三合土，设计配合比为熟石灰：泥土=3：7，厚度150毫米。
墙体	墙体下碱310毫米 ×150毫米 ×60毫米，青砖砌筑厚400毫米，上身为360毫米 ×180毫米 ×180毫米土坯砌筑，白灰罩面，墙厚370毫米。	山墙饰面层脱落、空鼓约33%；槛墙下部青砖酥碱约11%。	更换酥碱或破损深度超过20毫米土坯砖，更换酥碱或破损深度超过8毫米青砖。加固基础（见设计方案及基础加固图纸）。墙体酥碱或破损深度不超过20毫米的土坯砖块，不进行剔补，随墙体草泥打底进行修补。	1. 土坯砌筑方式为一甃二卧；土坯尺寸为360毫米 ×180毫米 ×90毫米。 2. 青砖尺寸：310毫米 ×150毫米 ×60毫米。 3. 墙体拆除砖块按不同部位分类整体码放，注意防雨保护。

续表

建筑部位	保存现状	残损状况描述及残损量	修缮做法	材料及技术要求
木柱	圆木柱，共10根，其中隐柱5根，柱径220—250毫米，柱子素面无地仗油饰。	A轴不同程度出现下沉现象；A轴开裂，深约200毫米，长约7500毫米，宽约25毫米。	5毫米＜劈裂裂缝＜50毫米时，用干燥旧木条嵌补，用结构胶粘牢。 劈裂裂缝＞50毫米时，木条嵌补，用结构胶粘牢，加铁箍1—2道，宽80—100毫米，厚4—5毫米。剔补柱根糟朽部分，用干燥旧木料墩接，并加铁箍2道。	结构胶选用环氧树脂胶。
梁架	大木构架为小式单檐一坡水，檐柱顶部置平板枋，枋下施额枋，额枋下为雀替。单步梁搭在平板枋上，另一端直接插入金柱，金柱与金柱间架梁，梁上置檩或花栋上置檩用以形成坡度，后金柱与后檐柱间架梁，上部置椽，用以支撑屋面望板。	梁架裂缝9条，长760毫米，宽10毫米，深22毫米。	劈裂裂缝宽度≤5毫米时，随油饰彩画用腻子勾抿严实；劈裂裂缝宽度＞5毫米，长不超过1/2 L，深不超过1/4 B时，用干燥旧木条嵌补，用结构胶粘牢，视具体情况确定是否加铁箍；劈裂裂缝宽度＞20毫米，长、深均超过前条时，木条嵌补，加铁箍1—2道，宽50—100毫米，厚3—4毫米。	木条嵌补前应先清理裂缝内部灰尘，刹平毛刺，嵌补木条外形与裂缝相似，不可强行将较宽木条砸入裂缝，嵌补粘牢后刹平多余部分，使木条表面与构件保持齐整，平顺。
屋面及木基层	屋面为平顶草泥屋面，底部为直径80毫米圆椽，其上为5毫米厚芦席，150毫米厚麦秸泥，上覆SBS防水层（后期铺设），屋面四周青砖压檐。	屋面因漏雨严重，后期在苫背层上直接铺设SBS防水层，与原有形制不相符；屋面面积共82.15平方米。芦席糟朽约47%，椽子糟朽约56%。	椽子细小裂缝，不做处理；劈裂＞5毫米，同梁枋嵌补椽、飞头糟朽，当糟朽长度＜10毫米时，砍刮干净糟朽部分并进行防腐处理。糟朽严重时，剔除糟朽部分之后用干燥旧木料拼接粘牢，然后加铁箍1—2道，铁箍长度不得小于50毫米。根据当地传统做法苫背层由下而上分三层，从木椽向上依次为芦席、护板灰（20毫米）、灰泥背（100毫米，分两次铺设，待每层晾干至七成时赶压密实，拍打提浆）。	更换木构件，使用国产TC13樟子松，并做防虫措施。
装修	砖雕主要用于封檐砖和窗台下的砖罩面，内容十分丰富，图案线条流畅。木刻工艺更是精湛，多采用镂雕、浮雕、浅刻等手法。	裙板翘曲、变形1块。	归正翘曲、变形木装修，补配缺失棂条。	更换木构件，使用国产TC13樟子松，并做防虫措施。

表4–7　院门修缮做法

建筑部位	保存现状	残损状况描述及残损量	修缮做法	材料及技术要求
地面	315毫米×150毫米×60毫米青条砖席纹铺设，具体铺设位置及样式见平面图。	青条砖“十”字缝铺设3.5平方米，破损约15%。	局部挖补，更换破损青砖，原土夯实，铺150毫米厚3：7灰土垫层，50毫米掺灰泥，用条砖“十”字缝糙墁铺设，白灰沙土扫缝。	砖底铺三合土，设计配合比为熟石灰：泥土=3：7，厚150毫米。
墙体	墙体下碱310毫米×150毫米×60毫米，青砖砌筑厚230毫米。	墙体青砖酥碱约11%，局部开裂。	更换酥碱或破损深度超过8毫米青砖。裂缝灌浆。	1. 青砖尺寸：310毫米×150毫米×60毫米。 2. 墙体拆除砖块按不同部位分类整体码放，注意防雨保护。
屋面及木基层	屋面原为平顶草泥屋面，后期因屋面漏雨，水泥砂浆抹面，屋面四周青砖压檐。	屋面因漏雨严重，后期在苫背层上直接用水泥砂浆抹面，与原有形制不相符。	拆除水泥砂浆面层，揭除苫背层，重新砌筑青砖压檐砖及苫背层。从木椽向上依次为芦席、护板灰（20毫米）、灰泥背（100毫米，分两次铺设，待每层晾干至七成时赶压密实，拍打提浆）。	破损青砖按原有规格、材质补配。
装修	实木双开门。	基本保存完好，局部开裂。门宽2.04米，高2.18米。	嵌补裂缝。	做防虫措施。

表4–8　院落环境修缮做法

名称	残损状况及描述	面积（平方米）	修缮做法
台阶	共3踏，高460毫米，砂岩砌筑。	台阶面积7.1平方米。	台阶进行现状整修，铺150毫米厚3：7灰土垫层，50毫米掺灰泥，20毫米厚白灰砂浆做底，上置砂岩。
院落地面	甬路：青条砖席纹铺设。 地面：青条砖席纹铺设。	院落面积共181.58平方米。	局部挖补，更换破损青砖，原土夯实，铺150毫米厚3：7灰土垫层，50毫米掺灰泥，用方砖（250毫米×250毫米×60毫米）“十”字缝糙墁铺设，白灰沙土扫缝。
排水	院内：因后期城市发展，导致周边环境破坏严重，马月坡寨子外围地坪高于院内地坪，雨水无法排出，后期在院内修建了水井，将雨水收集后用水泵排出。 院外：马月坡寨子现地处一公园内，后期依寨子四周修建了排水沟，将雨水最终排至市政排水管网内。	院内：排水口1个，集水井1座。 院外：石制排水渠一周，长75米。	重新疏通排水。检修现有排水沟，检查是否存在渗漏点，对漏水部位做防水处理。

第二节　修缮工程要求

其一，严格按国家现行有关施工程序及施工验收检查规范施工，尤其要做好隐蔽工程的检查和验收。

其二，必须在工程施工过程中严格贯彻保护文物真实性、完整性的原则，不得破坏文物本体，不得添加与保护无关的设施。

其三，必须确保施工中的人员安全，脚手架、板应稳定可靠，连接牢固，安全网设置规范，工人高空作业必须佩戴安全帽及配备安全绳，确保施工人员的安全。

其四，施工过程中，不得形成积水，以防渗漏至基础。

其五，设计文件中暂定补配、更换的建筑构件，应在现场清理完成后或具备核查条件后，会同设计人员确认后方可实施。对每一残损点，凡经鉴定确认需要处理者，应按不同的要求，分轻重缓急予以妥善安排，凡属情况恶化，明显影响结构安全者，应立即进行支顶或加固。补配的构件，规格尺寸均以现存实物为准定制。为做好修缮工作，必须树立保护好每个构件的意识，多加固、少更新，不因施工过程遭到破坏。尽最大可能保留原有构件中蕴含的历史信息和文物价值。使这些重要的历史文化见证得以安然地延续传承。

其六，木结构承重构件的修复或更换必须采用与原构件相同的树种木材。

其七，在施工过程中的每一阶段，要指定具有一定专业水准的专职技术人员负责修缮过程中的技术资料的收集、整理工作。施工队必须做好详细的记录，包括文字、图纸、照片，留取完整的工程技术档案资料，并按时填写施工日志，以图文影像等手段对施工过程进行全方位的真实记录，主要内容包括测量绘制建筑构件现状图和榫卯结构图，记录建筑构造，寻找和记录建筑构造内部暗藏的图画、文字、题记和工匠所绘图形墨迹等信息，记录构件的残损情况和加固措施、方法，弥补因前期勘测条件不具备而导致的设计上的不足，完善文物保护技术档案，为日后维修、保护、研究提供真实、全面、可靠的信息。隐蔽结构揭顶露明后通知设计单位现场测绘，维修加固的全套技术档案存档备查。

其八，施工用材的优劣直接影响修缮的成败，修缮工程设计中选用的各种建筑材料，必须有出厂合格证，并符合国家或主管部门颁发的产品标准，必须满足优良等级的质量标准。

其九，木构件在拆除更换前必须经建设方、监理方、设计方现场确认无误后方可更换安装，更换的木构件统一做防腐防虫处理，拆卸下来且能够继续使用的木构件由防腐专业技术人员在现场进行防腐防虫处理后才能使用。

其十，建议每年实施保养工作。及时化解外力可能对文物造成的损伤，要求制定必要的保养制度，对文物屋面、裂缝等隐患部位实行定期连续监测。

其十一，由于部分部位隐蔽，有些勘察工作难以进入，同时前期对隐蔽部位难以勘察全面、到位，不排除这些部位大木构件的损坏。保护修缮工程首先应彻底揭露待检查的部位，在施工过程中应注意随时发现问题（如施工工艺与设计不符、遇有出土文物等），随时与主管部门和设计方联系，以便及时调整、完善修缮设计保护方案。

外 墙

西厢房

第四章　修缮设计变更及说明

本次修缮工程严格按设计方案施工，实施中发现与勘察不符的情况，及时与设计方沟通，经各方现场研究确定，设计变更主要有16项。

其一，东、西厢房基础加固。施工时发现东、西厢房基础下沉，有不规则裂缝，与设计方沟通后，增加东、西厢房基础加固。东厢房原设计工程量为11.78立方米，现增加为80.10立方米；西厢房原设计工程量为11.78立方米，现增加为80.10立方米。

其二，在墙面草泥打底施工过程中，增加强力抗裂耐碱纤维网格布。

其三，东、西厢房下碱砖剔补。东厢房原工程量为60块，现增加为110块，西厢房原工程量为72块，现增加为97块。

其四，东、西厢房，堂屋墙体维修过程中发现，东、西厢房墙体历经数次维修，内外墙面各有三层草泥白灰层，且多处出现空鼓，在施工中将三层草泥白灰层全部铲除。

其五，上墙泥。原设计工程量中内、外墙面大草泥厚12毫米、白灰厚3毫米，实际施工中大草泥厚40毫米、细草泥厚20毫米、白灰厚3毫米。

其六，屋面麦秸泥拆除。原设计中屋面麦秸泥拆除150毫米，实际施工中屋面拆除SBS防水卷材、拆除屋面砼垫层10厘米、麦秸泥200—400毫米，拆除屋面芦苇、麦草、席子。

其七，屋面原清单为芦席、望板，现为席子、芦苇、草帘子。

其八，屋面苫背。经与当地民间老匠人交流苫背层的工艺做法和厚度，本次屋面苫背层分四层施工，第一层为120毫米厚大草泥层，第二层为70毫米厚找坡层，第三层为60毫米厚细草泥层，第四层为3：7灰土面层，并且利用传统工艺进行逐层碾压，面层除进行人工碾压外，又用木杵齐齐拍打三遍，以增加屋面的固结程度。

其九，拆除中发现屋面椽子檐口部位安装有14毫米 ×25毫米连檐板，檐椽与花椽在椽头与椽尾相接处设有闸挡板一道。连檐板由于檐口渗水已全部糟朽，所以对边檐板全部进行了补配。闸挡板拆除清理后于原位安装。

其十，东、西厢房和堂屋打牮拨正完成之后对砖雕槛墙进行修补、剔补。

其十一，打牮拨正。原设计中东、西厢房打牮拨正13处。堂屋未定工程量，要求根据实际发生核定工程量。屋面拆除后，东、西厢房工程量增加，堂屋立柱、屋面均需打牮拨正，具体工程量据实核定。

其十二，椽缝嵌补。原设计中要求旧椽利用时，根据实际对椽子裂缝进行嵌补，工程量参考相关定额据实核定。

其十三，屋面望板拆除、安装。原设计中有望板拆除、安装，但屋面拆除后发现屋顶无望板，经各方沟通后，取消望板安装，保持原貌。

其十四，天棚裱糊。原设计中要求对屋内天棚进行加固，重新裱糊。经与相关专家沟通，各方同意后，取消天棚裱糊。

其十五，堂屋木雕补配。原设计中堂屋前廊缺失的额枋、雀替未设计补配，经建设方与相关专家研究后，确定按传统样式补配。

其十六，屋面防水卷材。设计方案中要求屋面完成修复后，铺设 SBS 防水卷材，建设方邀请相关专家论证后，确定遵循传统做法，取消现代防水卷材。

第五篇 工程实施情况

第一章　工程施工部署

第一节　施工总体安排

一、施工组织机构

根据项目管理的需要，建立项目管理体系，以合同为制约，强化组织机构，推行项目经理负责制，对施工全过程的工程质量进行全面管理与控制。承担修缮工程的宁夏琢艺古建筑工程有限公司在宁夏古建筑修复业中具有雄厚的技术力量，在投中标之时就特别重视，精心策划，安排工序，选派具有文物古建筑修复施工管理经验的工程技术人员和施工管理人员及专业修复施工队伍组建项目班子，配备了具有丰富的古建筑施工、设计经验的国家级非物质文化遗产项目固原传统建筑营造技艺第四代传承人袁龙、胡伟容分别担任本工程的项目经理和技术负责人，委派国家级古建筑非物质文化遗产传承人马振仁担任本工程的现场施工技术顾问，挑选具有三十年以上古建筑工龄的各个工种专业技术人员参与施工。

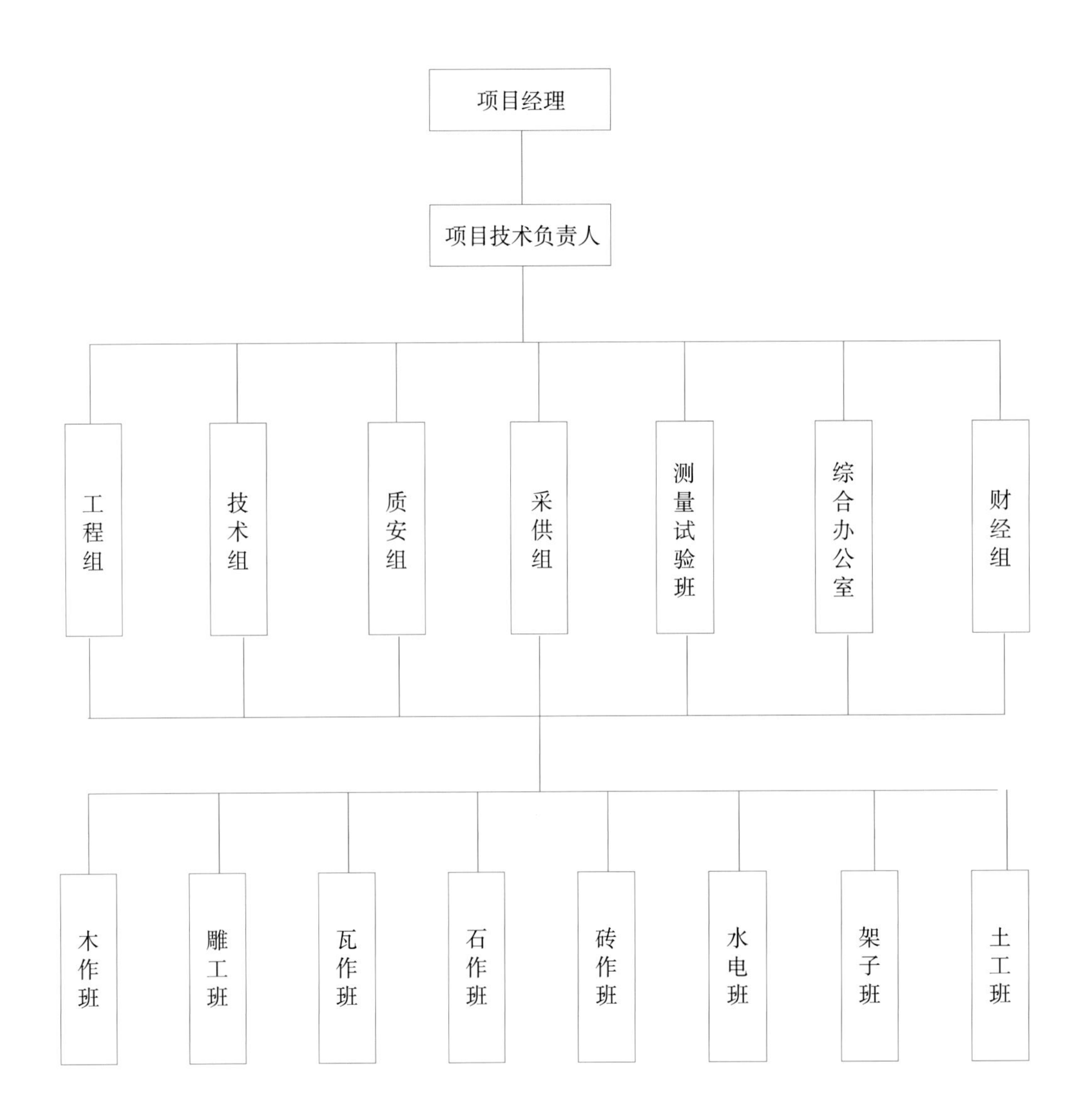
项目经理
项目技术负责人
工程组
技术组
质安组
采供组
测量试验班
综合办公室
财经组
木作班
雕工班
瓦作班
石作班
砖作班
水电班
架子班
土工班

项目管理机构及职能图

二、施工进度安排

根据工程实施条件编制最优施工进度计划，合理划分阶段目标和分项目标，安排总施工进度和各阶段目标，制定详细的月计划和周计划，利用合同管理手段有效控制施工进度，形成施工进度控制目标体系。

由项目工程管理小组定期组织召开工作例会，及时解决工程施工中出现的进度、质量、安全施工等问题；交叉作业时及时组织召开碰头协调会，检查落实当天计划、完成情况、未完成计划原因，解决影响进度、质量、安全、文明施工、交叉施工的问题，及采取相应的措施，安排布置第二天的计划，为下一步工作提前做好准备。

表5-1　施工进度计划

序号	分部分项工程名称	计划工期：90天																	
		5	10	15	20	25	30	35	40	45	50	55	60	65	70	75	80	85	90
1	施工准备	—																	
2	拆除堂屋		—																
3	修缮堂屋			—	—	—	—												
4	拆除东厢房							—											
5	修缮东厢房								—	—	—	—							
6	拆除西厢房												—						
7	修缮西厢房													—	—	—	—		
8	拆除围墙、院坪															—			
9	修缮围墙、院坪															—	—		
10	竣工收尾																		—
11	暂定工期为90天，具体施工工期以甲方合同要求为准																		

三、施工工序及目标管理

1. 合理安排施工工序

马月坡寨子修缮工程采用分区、分段流水施工的方法，以保证所有工序均在连续、均衡、稳定的流水作业中完成。施工前，对照施工图分别对堂屋、东厢房、西厢房的尺寸进行复核、记录，施工中做好编号、登记、拍摄、草图绘制等同步实录工作。具体施工流程如下：

先上后下→先内后外→搭设木雕、砖雕保护罩→编号、记录、拍照构件→拆除堂屋屋面、墙面灰浆→堂屋木构架整修→制作、安装堂屋屋面→堂屋墙面抹灰、铺设地墁→拆除西厢房屋面、墙面灰浆→西厢房木构架整修→制作、安装西厢房屋面→西厢房墙面抹灰、铺设地面→拆除东厢房屋面、墙面灰浆→东厢房木构架整修→制作、安装东厢房屋面→东厢房墙面抹灰、铺设地面→整修院门围墙→铺设院坪。

2. 施工各阶段工序合理穿插

（1）在施工准备阶段编制单项施工方案，各项施工方案在实施前进行比较，择优汰劣，采用先进的施工方法，在施工前解决好施工流程、材料做法和设计变更，确保各部分工期按时或提前完成。

（2）施工前，确定设计方案和所需的材料、设备，确定施工工序以及施工过程中需注意的问题，做好施工的各项准备工作。根据施工计划，合理安排各工种施工人员，组织专业化施工，以提高工效。

（3）进行结构施工时，提前安排部分结构验收，验收后适时插入二次结构和部分装修，为缩短工期赢得时间。严格遵守施工流程，合理安排土建、装修、安装等施工顺序，做到有序穿插，优选施工方法，提高技术含量，加快施工进度。

（4）收尾验收阶段，确定收尾验收具体时间后，对工程完成状态进行全面摸底，通过分项验收、内部验收、联合验收来促进收尾工程，进行大面积调试和试用，开展竣工清理、资料准备和报验工作。

第二节　施工准备与施工组织

一、文物资料、档案的记录整理

在施工前，要对所有的保护修缮对象及现场场容、场貌记录编号，进行图文资料的收集和汇总。同时在施工过程中对各道工序的拆除，进行图文影像记录，留存完整的施工图片与资料。

1. 影像、文字记录

对现存建筑整体及内外部构件、结构、残损等情况进行拍照、影像摄录，必要时要用特写近景镜头予以表现、记录，真实记录和反映维修建筑的结构、形态等方面的现存情况，完整保留马月坡寨子的历史信息和文物资料。

对所有修缮项目的现存建筑进行文字记录，准确、真实地表述建筑的现存情况及历史情况。

2. 历史信息的收集和发现

在拆除所有建筑各项各类构件时，要特别注意文物、历史信息的发现，尤其在大木构件的结合处，墙体内皮、柱础等部位，注意发现梁架题记、墙体内层壁画、柱础填埋物品等，一经发现，要现场保护，报文物部门处理，不得随意自行处理，以免造成不可挽回的损失。

3. 档案整理

在对所有建筑构件进行图文记录编号后，按照编号顺序建立现状记录档案，为准确备料和便于施工，制定专门用于施工的建筑构件残损（缺）状况及维修做法登记表，在表册中需明确记载每个（组）构件的名称、所在位置、编号、材质、规格尺度、保存状况、残损类型、残损程度，拟采取的修补加固方法（如墩接、剔补、粘贴、拼接、修复、接榫、更换等），施工时的具体工程做法等技术信息，及时间、地点、经办人员等其他信息要素，所有档案资料要做到统计准确、管理有序、施工便捷。

二、二次勘察

工程实施前，在完成文物本体档案、资料的记录整理时，对建筑形制及残损现状进行深入的二次勘察，进一步完善构件编号系统和资料档案体系。

1. 建筑形制

（1）堂屋。

①结构布局：吴忠地区典型的平屋顶。前廊式砖木结构，坐北朝南，面阔七间，中间三间开间较大，明次门开门，两侧耳房为套间形制。

②木构架：屋内梁架有八架，因堂屋屋顶用天棚壁纸裱糊，看不到内部梁架构造，通过檐口看到屋面铺设有苇席、望板，安装木质出水口。

③木雕、砖雕：封檐板、横梁、挡板等木构件均有雕刻，图案有“五福捧寿”“梅兰竹菊”等，雕刻内容不尽相同。屋檐、窗下墙等部位配有砖雕。

④墙体：山墙及后墙墙体由下碱和墙身组成，下碱为4皮240毫米 ×115毫米 ×53毫米青砖，墙身为土坯墙，内、外均抹大草泥，白灰抹面。前墙两侧耳房为青砖砌筑，正面三间为传统立木前墙，双开扇木门，“回”字格宽大棱窗，窗下方砖砌筑，饰砖雕图案。

⑤地面：室内及室外地面均为310毫米 ×310毫米 ×60毫米方砖铺设，堂屋门前315毫米 ×155毫米 ×60毫米青砖立铺。

⑥台明和散水：台明为315毫米 ×155毫米 ×60毫米青砖平铺，三步台阶为红砂岩阶条石，散水为315毫米 ×155毫米 ×60毫米青砖平铺、立铺交织铺设。山墙及后墙散水周围全部种草绿化。

⑦油饰：木构架都保持着本身的原木色，没有施油漆和彩绘。

（2）东、西厢房。

①结构布局：前檐廊式砖木结构，屋檐的雀替与吊柱后面加了类似于如意的斜向支撑。平屋顶。面阔四间，两门两窗。

②木构架：屋内梁架有五架，因东、西厢房屋顶用天棚壁纸裱糊，看不到内部具体梁架构造，通过檐口看到屋面铺设有苇席、望板，安装木质出水口。

③木雕、砖雕：封檐板、横梁、吊柱、挡板等木构件均有雕刻，图案有如意纹、卷草纹、

“梅兰竹菊”等，雕刻内容不尽相同。屋檐、窗下墙等部位配有砖雕。

④墙体：山墙及后墙墙体由下碱和墙身组成，下碱为3皮240毫米×115毫米×53毫米青砖，墙为土坯墙，内、外均抹大草泥，白灰抹面。前正立面为传统立木前墙，双开扇木门，“回”字格宽大棱窗，窗下方砖砌筑，饰砖雕图案。

⑤地面：室内为310毫米×310毫米×60毫米方砖铺设。东厢房部分地面铺设240毫米×115毫米×53毫米青砖。

⑥台明和散水：台明为310毫米×310毫米×60毫米方砖铺设，一步台阶为红砂岩阶条石，散水为315毫米×155毫米×60毫米青砖平铺、立铺交织铺设。山墙散水周围全部种植草地绿化。

⑦油饰：木构架都保持着本身的原木色，没有施油漆和彩绘。

（3）院落、围墙、大门。

整体院落为三合院式，大门为平屋顶青砖砌筑。围墙为240毫米×115毫米×53毫米青砖砌筑。院坪为315毫米×155毫米×60毫米青砖平铺。

2. 残损现状

（1）堂屋。

①大木构架：大木结构檐柱、金柱下沉，部分柱劈裂，柱根部腐朽，大木构架有明显歪闪变形，屋面下沉、渗漏，部分椽子、檩条糟朽，梁架部分脱榫。

②墙体：山墙及后墙下碱酥碱严重，墙体下沉，土坯墙开裂，室内、屋外墙体抹灰起皮空鼓，部分脱落，露出墙体的泥面。

③台明地面：室内地面方砖保存较为完整，有部分残损、破坏，室外地面残损、破坏较为严重，坡道处为240毫米×115毫米×53毫米的青砖立铺，台明与院坪高差约400毫米，台明酥碱严重，阶条歪闪、破裂。柱顶石风化、下沉。

④木装修：建筑原先门窗保存完好，窗户木雕有小部分损坏、缺失，门板后期涂刷了油漆，遮盖了门板原有的木纹。前檐花板保

存较为完整，木雕有部分开裂、损坏、缺失。挂落全部缺失，柱子留有缺失挂落的榫卯凹槽。门前护栏全部缺失，柱了留有缺失护栏的榫卯凹槽。

⑤屋面：屋面夯土，由于屋面漏雨，渗水导致椽子、苇席腐朽。前檐口椽子保存较为完整。屋面的砖雕封檐砖有部分破损。室内天棚裱糊的壁纸由于木龙骨下沉有多处破损、开裂。

（2）东、西厢房。

①大木构架：大木结构檐柱下沉，部分柱劈裂，柱根部腐朽、下沉，尤其是西厢房南面的柱子，柱根部直接垫了木方在支撑，大木构架有明显歪闪变形，屋面下沉、渗漏，部分椽子、檩条糟朽，梁架部分脱榫。

②墙体：山墙及后墙下碱酥碱严重，墙体下沉，土坯墙开裂，室内、屋外墙体抹灰起皮空鼓，部分脱落，露出墙体的泥面。

③台明地面：室内地面方砖残损较严重，有部分地面是后期补修，用240毫米 ×115毫米 ×53毫米青砖铺设。室外地面残损、破坏很严重，台明与院坪高差约100毫米，台明酥碱严重，阶条歪闪、破裂。柱顶石风化、下沉。

④木装修：建筑的门窗保存完好，窗户木雕有小部分损坏、缺失，门板后期涂刷了油漆，遮盖了门板原有的木纹。前檐花板、如意、吊柱、封檐板保存较为完整，木雕有轻微开裂、损坏、缺失。

⑤屋面：屋面夯土，由于屋面漏雨，渗水导致椽子、苇席腐朽。前檐口椽子保存较为完整。屋面的砖雕封檐砖有部分破损。室内天棚裱糊的壁纸由于木龙骨下沉有多处破损、开裂。

（3）院落、围墙、大门。

砖铺院坪损毁严重，坑洼不平，院坪明显低于大门口，凸凹不平，雨水随意汇集，排水不畅。原有大门、围墙已完全毁坏，现有砖砌筑大门、围墙予以封闭院落，施工工艺与原建筑明显不相符。

三、文物本体拆除

拆除工程是本次修缮工程的第一步，也是本工程的重点工作，要特别注意文物建筑的保护。施工前对现有柱网、屋架和墙体进行测量、检查和矫正，做到搭架支护稳固，以免发生倾斜位移，对不需要拆除的砖雕、木雕，搭设保护棚进行原地保护，防止在施工中损坏。

1. 屋面的拆除

在拆卸之前应先切断电源，对屋面的砖雕瓦檐进行编号，并做好内、外檐装修的保护工作，尤其对木雕和砖雕搭设保护棚进行保护。如果木架倾斜，应放置木架支顶牢固。夯土屋面拆除时，先搭设拆除架木，拆卸瓦时应先拆揭雕刻花边瓦，并送到指定地点妥善保存，特殊构件、雕饰构件一般不允许损坏，已经损坏的构件进行修复。瓦件拆除后，即可铲除苫背层，自上而下依序进行，所有杂土从外檐送入溜瓦槽内随势溜下，避免尘土飞扬，污染环境。

2. 椽望拆除

苫背层拆除后，开始拆除椽望，先堂屋后东、西厢房，依序进行，并分屋统计出檐深远、每檐数量、编排序号及位置图，然后自上而下依次进行，椽望下架后，将望板、脑椽、腰椽、檐椽分类分屋编号存放，以便检查、整理、登记。将变形糟朽望板、脑椽、腰椽、檐椽等另行堆放。

3. 大木构架的拆除

大木构架的拆除，亦是自上而下、先高后低依次进行。针对本工程项目，待屋面拆除完成后，现场查看大木构架的实际情况，如果不需要拆除大木构架，只需对大木构架倾斜、变形部位进行打牮拨正，如大木构架损坏严重，根据实际情况需要拆除时，首先要检查各种构件的榫卯结构情况，如有暗榫、暗销穿贯，要先将暗榫、暗销拆除，再按常规程序进行拆除，所有木构件要先吊后放，轻拿轻放。在卯口结合紧密处可用吊轮、倒链进行拨拉，不得使用重锤、撬杠等工具击打硬撬，防止损伤原构件，在拆除和运输中，要加垫保护层，尤其注意保护木构件端部或榫卯部位。

4. 墙体、台明的拆除

首先铲除墙体空鼓的草泥泥坯，现场观察土坯墙体开裂情况，墙体倾斜、开裂在允许范围之内，则对墙体进行打牮拨正，灌浆处理裂缝，并对地基进行灌浆加固处理；如墙体倾斜、开裂超过允许范围，需拆除墙体时，应自上而下、分层逐块拆除，尽量保持原有土坯的完整性。

台明构件要小心呵护，以备继用。台明阶条石风化、破损严重，在拆除过程中要边凿边拆，严禁用撬杠强拆，以免损坏。

5. 打牮拨正

马月坡寨子三合院年久失修，梁架和墙体都有倾斜，需做打牮拨正，无须拆除重砌，或者整体落架安装。对于历史悠久的墙体，岁月痕迹明显，拆除再砌就必然是粉刷一新的，也是一种修建性的破坏，如此会减弱了文物建筑的价值。

（1）木构架的打牮拨正。

木构架柱、梁、枋安装完毕后，在安装屋面檩条前即对整个木构架进行打牮拨正。打牮拨正的工序是先逐柱挂垂线，安装“人”字斜撑大杆件硬木方料，或者槽钢与柱子一起固定，然后安装拨正装置，拨正装置采用手动葫芦和钢丝绳，逐个、逐步将所有柱、梁架校正到位，倾斜移位较大的分次进行，不可一次到位，以免对木构架造成二次伤害。除建筑自身构架的榫卯结合不紧密的历史原因造成无法校正到位的部分木构架以外，其余的均符合设计与施工修复结构安全的规范要求。打牮拨正到位后打牢木关键固定，对于部分松动移位较大的榫卯部位采用钢板加固或者铁件拉接加固，完成后才可以进行屋面木檩条、木椽、屋面板等铺作施工。

（2）墙体的打牮拨正。

用大面积的木板整体保护墙体，然后在木板外加槽钢或者80毫米 ×120毫米的硬木方料，安装剪刀斜撑大杆件，在倾斜的方向安装或者在相反方向安装拨正装置，一类是顶杆装置，将墙体向倾斜的反方向顶撑，一类是在倾斜的相反方向安装钢丝绳子固定，采用葫芦紧拉，慢慢将倾斜的墙体拉正，在拉正的同时对底部砖的缝隙用铁片垫塞并且用石灰砂浆勾缝，待墙体校正后用铁件与木屋架一同拉接固定。

在墙体和木屋架都要打牮拨正的时候，先校正木屋架，并且校正后固定好木屋架，使木屋架稳固后才可校正墙体倾斜，两者不可同时进行。

四、修缮复原技术要点

其一，根据勘察结果及工程量清单内容对整个堂屋，东、西厢房进行揭顶处理。揭顶前对整座堂屋实体和外貌与施工图纸进行校核，对所有砖、瓦、石、木、木雕、砖雕等构件逐一分组编号，进行登记、文字、拍照、绘制草图等同步实录工作，尤其是木雕和砖雕，力争做到充分回收，避免施工过程中出现差错，注意保护可利用的旧料的完整性。

其二，拆卸屋面时充分挑选回收完整檐口砖雕及山墙瓦件，对风化破损的表层仔细分段清剥，断折脊段可拆下驳接，残损严重、无法保留利用的砖雕件需提前复制定做。屋面重新施工时严格把关，屋面坡度、格檐口垂直度和折角必须按原状施工、修复。

拆除旧屋面后立即对整落梁架进行全面彻底检查，更换虫蛀、腐烂和老化的椽子。全面落地检查桁条，将虫蛀严重和腐烂的桁条全部更换，部分受损者则进行清理修补驳接后充分利用，受损严重但材质较好的则可加工成小材用作其他补充构件。屋架、梁架及其构件的施工应特别留意，因雕刻物较多，非必要不得随便更换，屋架、梁架附着构件丢失者要按原图饰和原状补上，虫蛀、腐烂者更换，有裂口者拆卸清理修补后安装，榫头退缩且轻微腐烂者则进行清理修补。雕刻件中受损或残缺者先绘制大样图，分段修补镶嵌后进行雕刻，木构件拆卸后均用清水洗净风干。

其三，拆除地墁所有的墁砖，对可以重复利用的墁砖清理完表面的基层后码放在一边，破损严重不能再度利用的码放在另一边，分类堆放；对缺少的墁砖按原规格联系专业生产厂家定制，要求与原墁砖质地、颜色接近，不能有明显色差。

其四，台明阶条石风化、破损严重，在拆除过程中边凿边拆，严禁用撬杠强拆，损坏阶条石。拆除后清理完表面的基层，码放整齐。由于破损比较严重，施工过程中将棱角完整的面铺设在上面，风化、破损的面铺设在看不到的部位。对于风化、破损严重的阶条石，按原规格定制、补配。要求要与原阶条石质地、颜色接近，不能有明显色差。

风化、下沉的柱顶石，对柱子进行打牮拨正，将下沉的柱顶石归安置位，将风化严重、影响柱子受力的进行更换，做到与原柱顶石质地、颜色接近，无明显色差。

第三节　主要项目分项施工针对性措施

一、文物保护管理与技术保证措施

1. 文物保护组织管理措施

本工程为文物古建筑修缮工程，虽曾经历过局部修缮改动，但该建筑仍以民俗建筑风格为主，是宁夏当地建筑的优秀代表，文物价值极高，复原修缮必须以保护为前提。在施工中要加强文物保护意识的宣传教育，强化文物保护法治观念，坚决制止、防止建设性损坏。

（1）开工前建设方、施工方、监理方和文物主管部门共同对施工区进行核查，明确文物保存现状、保护范围、重点保护部位等，逐个进行拍照、编号、测绘，做好标识和交底，分别制定保护措施。

（2）开工前划定文物保护范围、重点保护区和一般保护区，在工地显著位置设置文物保护标志，标明文物性质、重要性、保护范围、保护措施等，以及保护人员姓名、联系电话。

（3）建立文物保护科学的记录档案：包括文字资料（现状的精确描述，保护情况和发生的问题详细记录）、测绘图纸（文物现状的测绘、位置、平面图、保护范围图等）、照片（文物的全景照片、各部位特写、需要重点保护的部位）。

（4）建立以项目经理为首的文物保护小组，定期召开施工现场文物保护专题会，根据前期的文物保护情况及施工部位、特点布置之后的保护工作要点，并对所有参建单位与施工成员进行交底。

会同业主、监理方和文物部门对文物进行定期检查、确认，并做好记录，记录工作情况、发现的问题以及处理结果等。

（5）建立保护措施上报审批制度。具体的文物保护维修措施要在得到文物主管部门和建设方的批准后方可实施。

（6）项目经理明确各个岗位的职责和权限，建立教育培训制度，对所有参与工程的施工人员进行相应的培训，使每个职工清楚知道文物的价值和保护方法。

（7）工地专设文保员，负责日常文物保护管理工作，文保员每日对现场进行巡回检查，并向项目经理汇报检查结果。

（8）所有施工人员签订吴忠马月坡寨子修缮施工文物保护协议书，建立奖罚制度，对不遵守文物保护规定，私闯现场、破坏文物者，要进行罚款，并停工再次接受教育培训，对保护文物有突出表现者要适当给予奖励。

（9）在施工区域做好全封闭硬质景观围挡，不得随意进出施工现场，未经项目经理允许不得进入文物保护区，也不得随意跨越指定的施工现场区域。

2. 文物保护技术管理措施

建立完备的文字记录档案，施工中设专人负责文物原状的资料收集工作。具体包括摄像、照相、文字记录和实测大样图，真实完整地记录各部位的构件尺寸、形式特征、工艺特点、材料做法等内容，对所要修缮的部位，修缮前仔细进行测量，做详细的文字记录，对测量过程进行摄像或照相，然后根据记录资料绘制图纸，作为修缮复原的技术依据，待工程竣工后留下完整真实的技术资料存档，以备专家、学者将来研究考证。

（1）对拆卸施工中原有建筑的保护措施。

为达到修缮目的，在修缮施工的过程中，对于完好构件及已破损构件进行拆除时，均应采取如下保护措施：

①根据现存文物的具体尺寸，用加厚杉木板及杉木枋做成一个隔离层，将其保护起来。待砖石工程、大木结构工程、油漆工程完

工后，再拆除里面的保护木料。

②内外檐架子。

外檐架子为双排齐檐瓦木油画施工架子，所有架子立杆不准与地面直接接触，均铺垫脚手板一层。排木、打戗一律不准与建筑物相连，架子的稳定性要靠架子的戗杆解决，形成几何不变体系。檐下油活架子站立杆时瓦面上要采用相应的措施，如垫麻袋布、架木枋均不准与瓦面直接接触。屋面捅持杆架子查补瓦面，采用相同方法。

内檐架子为满堂红，在满足施工操作的同时，不与建筑有任何直接接触，内檐架子搭建过程中要谨慎操作，防止触碰。

（2）对拆除下来再利用构件材料的保护措施。

对于修缮过程中再利用的构件等材料，在拆除之前，由施工管理人员进行拆前检查登记，必要时照相。如可利用的飞椽，清点数量。对施工人员进行交底，拆除后运至指定地点按规格堆放。易燃物采取相应措施处理，并做好文字记录作为原始归档资料，重新利用在工程上。瓦件、地面砖等有文物价值的材料，但工程上又不能再利用者，经文物部门审查后，提出书面处理意见再进行处理。施工单位事先以书面信函方式报文物部门的有关单位，并要求文物部门以书面信函手续通知施工单位后进行处理。

（3）运输过程中的保护措施。

拆除下来的构件有些需要运至场外整修后再运回安装，在运输过程中均应采取保护措施，如防雨雪、防装卸撞击。车辆进入施工现场，对建筑物容易剐碰的位置采取防护遮挡，不准碾压古路地面，画定行车路线，以保证文物不受任何损坏。

（4）防止气候影响的保护措施。

查补建筑瓦面，添配瓦件，采取遮挡和苫盖的方法防雨，在常温下施工需充分备齐遮挡苫盖的材料，屋面拆除后，不论阴晴，每天下班之前拆除面和施工作业面一律用苫布盖好，并将脚手板翻起防止雨水溅到油地仗上，派专人负责覆盖和检查，以防气候的变化。

外檐油漆部分，凡是容易受到风雨侵害的，均备彩条编织布进行立面遮挡，彩条编织布均不准用钉子钉在椽飞望上，只允许在架子上固定。本工程湿作业一律在常温下施工，木构件、地仗、油漆，未完成的作业面无人施工时要一律覆盖。

（5）防火防盗保护措施。

文物修缮工程防火工作极为重要，防火措施列为重点工作内容，设置专职安全消防保卫人员负责防火防盗工作。妥善保存保管本工程的建筑材料，尤其是拆下来的旧材料，施工中列为文物保存范围的构件，任何个人无权私自动用及收藏。对于不遵守制度，忽视文物保护法律的任何行为，工地有权将之扭送或起诉到有关部门，对其违法行为进行制裁，本工程设置专职安全消防保卫人员。

地仗施工中凡浸擦桐油、清油、灰油、稀料的棉丝、布和麻头、油皮子等易燃物不得随意乱丢，必须随时清除，并及时清运出现场妥善处理，防止造成火灾、火险。

（6）对文物保护的技术措施。

工地设一名技术人员，负责文物原状的资料收集工作。具体工作内容包括摄影、照相、文字记录和实测大样图，真实完整地记录各部位的构件尺寸、形式特征、工艺特点、材料做法等内容，对所要修缮的部位，修缮前仔细进行测量，做详细的文字记录，对测量过程进行摄影或照相，根据记录资料绘制图纸，作为修缮复原的技术依据，待工程竣工后留下完整真实的技术资料存档，以备专家、学者将来研究考证。具体内容包括细部尺寸列表记录、工艺做法文字记录，附于测绘图后，同时配以照片，录制测量过程，最后汇总转录成光盘存档。

二、文物本体构件清理维修措施

1. 檐砖的清理和维修

拆下的雕刻檐砖件要铲除苔泥，擦拭干净，从中挑出典型瓦件，以此为标准进行挑选，不合规格的另行码放，酌情选用。砖雕瓦檐、吻兽脊筒等艺术构件的残件，要尽量粘补使用。修复断裂檐砖需将断裂面清理干净，用丙酮刷洗后，用环氧树脂618粘牢。花纹等突出部分残坏者，以麻刀青灰掺少量水泥堆补成形，刷砖面灰打点，缺少须重新烧制的，雕刻檐砖按原尺寸、原样式，送窑厂进行复制。

2. 砖件的清理和维修

拆下的砖件要铲除灰泥，擦拭干净，从中挑出典型砖件，以此为标准进行挑选，不合规格的另行码放，酌情选用。

3. 木基层构件的修复、加固

拆下的木基层构件，包括檐椽、脑椽、花架椽、飞椽、大小连檐、瓦口木、博风板等，大多已出现劈裂、拆断、腐朽等情况，需更换其大部分；飞椽、连檐是木构架最上层的构件，是屋顶漏雨首先被浸蚀的部分，修理中更换的比例最大，对局部还可使用的，尽最大努力局部留用，以保留历史信息。

椽子的毁坏情况多为糟朽、劈裂、弯垂，是由长时间的屋顶漏雨引起的。在维修中，椽子糟朽或折断的情况不多，是因为木构架的主要构件发生问题需要修整，瓦顶和椽子也必须揭除，在木构架修整安装后重新铺钉。

（1）残毁旧椽选用标准。

拆下的旧椽安装前需清理、修补，挑选可用的构件，查清修补更换数目。

糟朽。局部糟朽不超过原有直径2/5的认为是可用构件，孔径不超过直径1/4的可以继续使用。椽头糟朽不能承托连檐时则列为更换构件。

劈裂。深不超过直径1/2，长度不超过全长2/3，认为是可用构件，椽尾虽裂但仍能钉钉的也应继续使用。

弯垂。由于过度承重而弯曲，不超过度2% 的认为是可用构件，自然弯曲的除外。

（2）加固方法。

细小的裂缝一般暂不做处理，等油饰或断白时刮腻子勾抿严密。较大的裂缝（0.2—0.5厘米以上）嵌补木条，用胶粘牢或在外围用薄铁条（宽约2厘米）包钉加固。糟朽处应将朽木砍净，把拆下的旧椽料按糟朽部位的形状、尺寸砍好，再用胶粘牢。

构件维修

（3）更换椽子。

要尽量使用旧料，首先考虑的是建筑物本身的椽料。建筑中椽子的特点是数量多，各种椽子的长度也不相同。檐椽最长，其次是脑椽，花架椽最短。此种情况为利用旧料提供了很大的方便，可将不合格的檐椽改做脑椽或花架椽。必须更换新料时，应注意选料，圆椽多用一等杉木或落叶松圆木，长度、直径按原尺寸。

4. 大木构件修复加固

木构梁架中的主要构件，如梁、柱、檩、枋等，这些构件的损坏，对建筑物安全影响较大。拆下的大木构件，包括柱、梁、檩等，多已出现劈裂、拆断、腐朽等情况。此次修缮，尽可能予以保留，以最大程度保留历史信息。

（1）大梁。

侧面裂缝长度不超过梁长的1/2，深度不超过梁宽的1/2，用2—3道铁箍加固。裂缝宽度超过5毫米时，以长木条嵌补严实，并用环氧树脂粘牢，然后加铁箍。铁箍的大小视大梁的尺寸和受力情况而定，长按实际需要而定，劈裂长度、深度超过上述规定且没有严重糟损和垂直断裂时，加铁箍前须在裂缝内灌注环氧树脂，并将裂外口用环氧树脂勾缝，防止漏浆现象，勾缝凹进表面约5毫米，留待作旧。预留两个以上的灌浆孔，人工灌注。

（2）木柱。

木柱是古建筑木构架中主要的受压构件，也是整体木构架下层的支撑构件。

①木柱劈裂加固。自然劈裂的木柱只在油饰之前用腻子将裂缝勾抿严实，裂缝宽度超过0.5厘米的用木条镶嵌粘接牢固，缝宽3—5厘米或以上的除嵌木条外还用铁箍加固；因重力压劈的木柱，处理办法除了粘接劈裂部位并用铁箍加固外，在靠近柱子的梁枋或额枋端部底皮增加抱柱，减轻柱子的荷载。

②柱根糟朽加固。东、西厢房墙内柱多发生此种症状。表皮糟朽不超过柱根直径1/2的，采用取剔补加固，糟朽严重者自根部向上

不超过柱高1/4—1/3时，采取墩接的方法。

（3）檩的维修。

檩子损坏的情况，常见的有拔榫、折断、劈裂、弯垂和向外滚动等现象，采取修补并在隐蔽处增加预防性构件的办法。

①檩拔榫的维修。檩拔榫的主要成因是梁架歪闪，檩头榫卯又比较简单，遇到剧烈震动容易拔榫。如榫头完整，在归安梁架时便可归回原位，并在接头处两侧各用一枚铁锔子加固，铁锔子一般用 Φ1.2—1.9厘米钢筋制品，长约30厘米，或用扁铁条代替铁锔子，铁条断面一般为0.6厘米 ×5厘米或加铁钉锔，檐椽转角处也可用“十”字形铁板尺寸式样。

②檩糟朽、折断、劈裂、弯垂的维修与更换。檩子榫头折断或糟朽时，简单的办法为去除残毁榫头，另加一个硬杂木（榆、槐、柏）做成的银锭榫头，一端嵌入檩内用胶粘牢或再加铁箍一道，嵌好的榫头在安装时插入相接檩的卯口内。

个别有折断情况，裂纹贯穿上下时，用旧料或已干燥的新料（木材含水率在15%以下的）依照原构件的式样、尺寸复制更换，所用树种与原件一致，两端榫卯应与相邻构件的旧榫卯吻合。

（4）梁、枋、檩等木构架加固与修配的技术措施。

木结构古建筑物，由于年久失修，常易发生梁架歪闪、构件朽折等现象，须立即采取抢救性措施。为了建筑物的安全，有时需在正式施工前，先做临时支撑或拆除，保存构件。

临时性的支撑工作对所加构件有一个共同的要求，首先必须牢固可靠，在施工中易于去除。其次不要过多地损伤原有构件。此外临时支撑构件的位置多在明显部位，难免会影响建筑物的外观，因而施工中应考虑使其影响减至最低。

①整体或局部梁架歪闪：最简单有效的是在面对歪闪方向进行支撑。撑杆用杉槁或圆木、方木都可，杆底部用顶椿或顶石以防止滑脱。大梁歪闪时，撑杆应顶在歪闪最严重。

②柱根糟朽下沉：在柱的里侧、大梁头的底皮和斗栱正面第一跳翘头处各加一根顶柱，以减轻柱本身的荷载。

③大梁折断弯垂：在大梁折断处的底皮或是弯垂最严重的部位，支顶木柱，柱头垫以5—10厘米厚的木板，宽度同梁底皮，长度视具体情况。此种顶柱位于室内，不能破坏地面。在柱根垫以5—10厘米厚板。用两个相对的木楔撑牢。

④梁枋拔榫：整体梁架歪闪时，梁枋拔榫的现象常常伴随而生。拔榫轻微（1—3厘米）

木装修

的只加铁锔子加固即可。拔榫较重（榫头长1/2以上）的，应在梁头拔榫处的底皮加顶柱支撑。

5. 木装修工程

维修的木门由多块木板拼装而成，因原来木料没有干透，年久木料收缩，出现裂缝，不严重时可用木条嵌缝，裂缝大的，应拆卸后重新拼装增加一块木板，补齐原来尺寸。

由于年久，窗已发生变形，边挺抹头榫卯松脱，维修时，拆卸后重新组装，榫卯用胶粘牢。边框局部糟朽的钉补完整，根心残毁时，缺多少补多少，没有全部新换，尽量保留原构件。

6. 砖雕工程

拆除木构件过程中对墙面砖雕搭临时保护棚，以免损坏墙面砖雕。拆除前对墙面砖雕进行拍照、编号、绘图，以便安装时参考。墙面砖雕分成若干块，依计划逐步揭取下来，并装箱放在库房。

三、成品、半成品保护措施

施工期间，由于工期较紧，各工种交叉频繁，对于成品和半成品，通常容易出现二次污染、损坏和丢失，工程装修材料一旦出现污染、损坏或丢失，势必影响工程进展，增加额外费用，装修施工阶段成品、半成品保护的主要措施有如下几项：

其一，施工作业前应熟悉图纸，制订多工种任务交叉施工作业计划，既要保证工程进度，又要保证交叉施工不产生相互干扰，防止盲目赶工期，造成成品、半成品互相损坏、反复污染等现象的产生。

其二，分阶段、分专业制定专项成品保护措施，并严格实施。设专人负责成品保护工作。制定重要部位的施工工序流程，协调土建、水、电、消防等各专业工序，排出工序流程表，各专业工序均按流程表施工，严禁违反施工程序的做法。

其三，做好工序标识工作，在施工过程中，对易受污染、破坏的成品、半成品标识“正在施工，注意保护”的标牌。

其四，采取护、包、盖、封的防护措施，对成品、半成品进行防护，并专设负责人时常巡视检查，发现有保护措施损坏的，要及时恢复。

其五，工序交接全部采用书面形式由双方签字认可，由下一道工序的作业人员和成品保护负责人同时签字确认，并保存工序交接书面材料，下一道工序的作业人员对防止成品的污染、损坏或丢失负直接责任，成品保护负责人对成品保护负监督、检查责任。

其六，提高成品保护意识，以合同、协议等形式，明确各工种对上一道工序质量的保护责任及本工序工程的防护，提高产品保护的责任心。

其七，每道装饰工序完工后，均由项目经理派专人进行清理，做好成品、半成品的质量防护工作，重要的区域用围栏围挡，重点部位用废料或包装箱包裹，加强保护，防止损坏。

作业架子拆除时应轻放，防止碰撞成品、半成品。

其八，不得在半成品、成品上涂写、敲击、刻画。门窗及时关闭开启，保持室内通风干燥，风雨天门窗应关严，防止成品受潮。

其九，在工程收尾阶段，应有专人分层、分片24小时巡视看管，以防产品损坏。

四、环境保护管理体系与措施

1. 管理目标

严格遵守住建部、吴忠市关于施工现场文明施工管理的各项规定，使施工现场成为干净、整洁、安全的文明工地，确保本工程达到安全文明工地标准。

2. 文明施工、环境管理体系

（1）管理体系。

由于本工程位于吴忠市利通区闹市中心，场地周边均为城市要道，文明施工和环境保护为本工程的重中之重。

以项目经理和项目安全负责人为核心，在建立符合ISO 14000标准的文明施工、环境保护管理体系，明确体系中各岗位职责和权限，建立并保持一套工作程序，对所有参与体系工作的人员进行相应的培训。

将有关项目环保策划报监理工程师审批，并按照吴忠市城乡建设委员会创建文明安全工地的标准和要求进行文明安全施工管理。施工中严格遵守国家环境保护部门的有关规定，采取有效措施以预防和消除因施工造成的环境污染。

（2）工作制度。

每周召开一次施工现场文明施工和环境保护工作例会，总结上一阶段的文明施工和环境保护管理情况，并布置下一阶段的工作。

建立并执行施工现场环境保护管理检查制度。每周组织一次由各专业部门的文明施工和环境保护管理负责人参加的联合检查，对检查中所发现的问题，开出“问题通知单”，各专业部门在收到“问题通知单”后，应根据具体情况，定时间、定人、定措施予以解决，项目部有关部门应监督落实问题的解决情况。

项目经理部成立场容清洁队，每天负责现场内外的清埋、洒水、降尘、保洁、消毒等工作。

项目经理部配置粉尘、噪声等测试器具，对场界噪声、现场扬尘等进行监测，并委托环保部门定期对包括污水排放在内的各项环保指标进行测试。项目经理部对环保指标超出的项目及时采取有效措施进行处理。

3. 管理措施

（1）场容布置。

其一，对所有围墙按建设方要求进行统一粉刷。围墙外侧有施工方的标志。关于围挡方案报监理工程师审核，批准后方可实施。围墙要牢固、美观、封闭完整，且设置高度不低于1.8米。

其二，在施工现场入口处显著位置设立“一图六版”，内容包括现场施工总平面图，及总平面管理、安全生产、文明施工、环境保护、质量控制、材料管理等的规章制度和主要参建单位名称和工程概况等说明。字迹书写规范、美观，并保持整洁完好。

（2）防止扬尘对大气污染。

其一，现场扬尘排放达标。现场施工扬尘排放达到吴忠市环保机构的粉尘排放标准要求。

其二，施工期间加强环保意识、保持工地清洁、控制扬尘、杜绝材料漏洒。

其三，对易燃易爆、油品和化学品的采购、运输、储存、发放和使用后对废弃物的处理。

其四，施工阶段，现场主要道路硬化，并定时对道路进行淋水降尘，控制粉尘污染。

其五，建筑结构内的施工垃圾清运采用搭设封闭式临时专用垃圾道运输或采用容器吊运或袋装，严禁随意凌空抛洒，并适量洒水，减少扬尘对空气的污染。

其六，生活垃圾与施工垃圾分开，实施全封闭管理。现场设立固定的垃圾临时存放点，并在各区域设立尺寸足够的垃圾箱。所有垃圾在当天清运出现场，并按政府有关管理机构的规定，运送到指定的垃圾消纳场。

其七，水泥、石灰和其他易飞扬物、细颗粒散体材料，安排在库内存放或严密遮盖，运输时要防止遗洒、飞扬，卸运时采用码放措施，减少污染。

其八，对施工机械进行全面检查和维修保养，保证设备处于良好状态，避免噪声、泄漏和废油、废弃物造成的污染，杜绝重大安全隐患的存在。

其九，现场临时堆土要采取覆盖措施，防止泥土流失到附近道路。

其十，为防止进出现场车辆的遗洒和轮胎夹带物等污染周边环境和公共道路，在现场出入口设置车辆清洗冲刷台，车辆经清洗和苫盖后方可出场。

其十一，现场内的采暖和烧水茶炉均采用电热产品。

（3）防止对水污染。

其一，确保雨水管网与污水管网分开使用，严禁将非雨水类的其他水体排进市政雨水管网。

其二，对施工临时污水排放系统建立符合标准的临时沉淀池和化粪池，将厕所污物经过沉淀后排入市政的污水管线。

其三，将施工及生活中产生的污水或废水集中处理，经检验符合污水综合排放标准规定，才能排放。

（4）竣工时的现场清理。

工程竣工时，施工方清运出全部设备、多余材料、垃圾和各种临时工程，并保持现场和工程清洁整齐，达到符合监理方要求的使用状态。在建设方书面许可情况下，施工方可在现场保留为完成在保修期内的各项义务所需要的材料、设备和临时工程，直至保修期结束。

第二章　施工方法及工艺流程

第一节　墙体工程

一、地面

对室内外地面铺设青砖进行二次勘察，发现室内地砖90%破损、室外地砖85%破损，经建设方、设计方、施工方沟通决定：室内地砖全部拆除，按原有地砖规格、铺设方式定制新砖进行铺设；室外地砖拆除后，破损砖全部摒弃，整砖按规格集中使用。

1. 室内地面

全部拆除后，原土夯实，铺150毫米厚3：7灰土垫层，50毫米掺灰泥，用250毫米 ×250毫米 ×60毫米方砖斜纹（与现有铺设形式一致）糙墁，麻刀灰勾缝。

原土夯实

地砖铺墁

2. 室外地面

室外地面全部拆除后，整砖挑出，按规格分别码放，原土夯实，铺150毫米厚3∶7灰土垫层，50毫米掺灰泥，用青砖（方砖250毫米 ×250毫米 ×60毫米、条砖310毫米 ×150毫米 ×60毫米）糙墁铺设，白灰砂土扫缝。挑出旧砖经数量比对决定使用一部分，集中铺设在东厢房门前回廊。

3. 散水

按设计要求全部拆除，整砖按位置编号码放，残砖全部更换。原土夯实，150毫米厚3∶7灰土垫层，找坡1%，50毫米厚掺灰泥，20毫米厚白灰砂浆做底，用310毫米 ×150毫米 ×60毫米青砖席纹糙墁铺设，白灰浆勾缝；散水外侧竖立牙子砖（310毫米 ×150毫米 ×60毫米青砖）一道。

4. 台明

台明全部拆除，整砖编号码放，残砖按原规格补配。原土夯实，铺150毫米厚3∶7灰土垫层，50毫米厚掺灰泥、20毫米厚白灰砂浆做底，平砖白灰浆勾缝，立砖麻刀灰勾缝。

5. 台阶

台阶全部拆除，原土夯实，铺150毫米厚3∶7灰土垫层，50毫米掺灰泥，20毫米厚白灰砂浆做底，将原砂石损毁面翻转切齐铺设，部分损毁严重砂石重新补配。

二、墙体

1. 基础

墙体有下沉现象，原建筑未做基础，需进行加固处理。

（1）材料要求：水玻璃、水泥，比例为0.5：1，采用普通 P0425硅酸盐水泥。

（2）主要机具设备：振动打拔管机（振动钻或三角穿心锤）、注浆花管、压力胶管、连接钢管、齿轮泵、压力表、磅秤、浆液搅拌机、贮液罐、三脚架、洛阳铲等。

（3）施工工艺。

①工艺流程：机具设备安装→定位打管（洛阳铲人工钻孔，孔深3米）→封孔→配制浆液、注浆→拔管→管子冲洗、填孔→辅助工作。

②机具设备安装：先将三脚架安放于预定孔位，调好高度和角度，然后将注浆泵及管路连接好；再安装压力表，并检查是否完好；最后进行试运转。

③注浆孔的孔径为70—110毫米，垂直高度偏差＜1%，自下而上或自上而下注浆，每次上拔或下钻高度为500毫米。

④注浆顺序：按跳孔间隔均匀对称进行，先外围后内部。

基础加固前对所有墙体及大木构件进行支护，保证其安全，同时对墙体的砖雕及

墙基加固

墙基加固

木构件上的木雕进行保护，保证其不受损害。

2. 墙体维修

（1）山墙、后墙、隔墙内外立面抹泥、白灰罩面。墙体维修过程中发现：东、西厢房墙体历经数次维修，内外墙面各有三层草泥白灰层，并且历次维修工程中未对前次大草泥、细草泥、白灰层进行铲除，而是第二次维修中在第一次白灰层的基础上又抹了细草泥、白灰层，依次叠加，第三次维修中在第二次白灰层的基础上又抹了细草泥、白灰层，草泥层平均厚80毫米。由于每次维修都未铲除白灰层，致使东、西厢房出现大面积泥层空鼓。针对以上情况，施工方及时与建设方、设计方、监理方联系、沟通，并与相关专家研究后采取以下工艺。

墙面修缮

①将原墙体三层空鼓的大草泥、细草泥、白灰层全部铲除。

②墙体内外土坯损坏部分用粗草泥和碎土坯填补、抹平。

③在打底草泥抹平面上铺设一层强力抗裂耐碱纤维网格布，以增强大草泥墙面拉力。

④抹大草泥30毫米厚。大草泥用当地黄土、麦秸、白灰与水拌制，每100千克掺白灰10千克、麦秸12千克，用于墙体内外墙皮打底。把原始黄土拍碎，将麦秸切成长3—5厘米的草段掺入土中，加水后人工搅拌均匀，草泥成型后醒3—5小时后开始使用。

粗草泥的和法与大草泥相同，只是麦秸段为5—10厘米长。

⑤抹细草泥20毫米厚。细草泥用当地黄土、麦壳、白灰与水拌制，每100千克掺白灰8千克、麦壳10千克，用于墙体罩面。原始黄土拍碎过筛，掺入过筛的

墙面修缮

墙面修缮

麦壳，人工拌匀后加水，至少人工搅拌三遍，醒5—8小时后开始使用。

⑥白灰罩面3毫米厚。

（2）槛墙青砖。堂屋，东、西厢房内外槛墙青砖部分酥碱，采取剔补的方法，用小铲子或凿子将酥碱部分剔除干净，用原尺寸的砖块，砍磨加工后按原位镶嵌，黏接牢固。

墙砖剔补

第二节　木构架和木构件的维修

一、打牮拨正

打牮拨正指木构架中主要构件倾斜、扭转、拔榫或下沉时，应用杠杆原理，不拆落木构架而使构件复位的一种维修方法。

打牮拨正是对木构架柱、梁、枋、檩，即整个木构架进行打牮拨正，先挂垂线，然后安装拨正装置，檐柱拨正装置一般采用手动葫芦和钢丝绳，利用杠杆原理，要逐个、逐步地将所有柱、梁架校正到位，倾斜移位较大的要分次进行，不可一次到位，以免对木构架造成二次伤害。除历史原因造成自身构架榫卯结合不紧密，无法校正到位的部分木构架以

木构件维修

木构件维修

外，其余的均要满足设计与施工规范要求。打垡拨正到位后，才能打牢基础并对关键部位固定，对于松动移位较大的榫卯部位要采用加固构件进行拉接加固，完成后才可以进行屋面椽子、屋面板等的铺作施工。

1. 东厢房

（1）东厢房梁柱下沉情况。1/A 下沉90，2/A 下沉80，3/A 下沉75毫米，4/A 下沉60毫米，5/A 下沉60毫米，2/B 下沉11毫米，3/B 下沉70毫米，4/B 下沉60毫米。

（2）屋面问题。随着梁柱下沉，屋面木构件全部出现了跟随梁柱下沉、歪闪、变形、榫卯开裂、脱榫、檩碗脱碗等问题，其中檩条最大下沉110毫米，最小下沉30毫米；榫卯开裂、脱榫最大45毫米，最小15毫米。

木构件维修

（3）打牮拨正。对整个木构架体系进行两次打牮拨正，对梁、柱、檩的下沉、歪闪、变形、榫卯开裂、脱榫、檩碗脱碗等问题一一进行了归安，并对糟朽的柱子进行墩接，其中，柱子墩接3个，柱下沉打牮拨正7处，梁下沉打牮拨正8处，檩下沉、歪闪、变形、榫卯开裂、脱榫、檩碗脱碗等打牮拨正20处。

2. 西厢房

（1）西厢房梁柱下沉情况。1/A 下沉115毫米，2/A 下沉100毫米，3/A 下沉75毫米，4/A 下沉65毫米，5/A 下沉65毫米，4/B 下沉60毫米，4/B 下沉60毫米。

（2）屋面问题。随着梁柱下沉，屋面檩条全部出现了跟随梁柱下沉、歪闪、变形、榫卯开裂、脱榫、檩碗脱碗等问题，其中檩条最大下沉90毫米，最小下沉35毫米，榫卯开裂、脱榫最大40毫米，最小17毫米。

（3）打牮拨正。对整个木构架体系分两次进行打牮拨正，对梁、柱、檩的下沉、歪闪、变形、榫卯开裂、脱榫、檩碗脱碗等问题一一进行了归安，并对糟朽的柱子进行墩接，其中，柱子墩接2个，柱下沉打牮拨正9处，梁下沉打牮拨正4处，檩下沉、歪闪、变形、榫卯开裂、脱榫、檩碗脱碗等打牮拨正17处。

3. 堂屋

（1）梁柱下沉及存在问题。堂屋梁柱最大下沉100毫米，并且墙体因地基不均匀沉降，造成檩条下沉14—80毫米，堂屋共有明柱、半露明柱12根，梁12架，檩27根。

（2）打牮拨正。对梁、柱、檩的下沉、歪闪、变形、榫卯开裂、脱榫、檩碗脱碗等问题一一进行了归安，并对糟朽的柱子进行墩接，其中，柱子墩接3个，柱下沉打牮拨正12根，梁下沉打牮拨正12根，檩下沉拨正27根。

堂屋所有的柱、梁、檩等打牮拨正时首先活动松开，然后再进行归安。先检查梁架，把梁架的各构件调整完了之后，将屋面上的桁、枋、椽等整理复原，再将前檐柱及其他相关柱子都吊直扶正。堂屋共拨正柱、梁、檩等51处。

二、糟朽柱头墩接

东、西厢房北端前檐立柱底部糟朽严重，需进行墩接。先将屋架顶起，使糟朽立柱高出地面，按墩接规范将糟朽部位错位截断，再按截断尺寸错位截取新柱，进行黏接后用扁铁加固，最后归位。柱根下三合土地面增加300毫米 ×300毫米 ×60毫米厚石板柱顶石。

三、椽子检修

椽子的毁坏情况多为糟朽、劈裂、弯垂、缺失。堂屋、东厢房、西厢房拆除檐椽、花椽、脑椽共计916根，因糟朽、劈裂、弯垂等原因补配410根，旧椽裂缝嵌补2159块。

四、柱子维修

马月坡寨子三合院堂屋，东、西厢房立柱、梁、檩等大木构件除了部分柱头糟朽外，主要问题就是干缩裂缝。裂缝宽不超过3毫米的，不作处理。裂缝宽度在3—30毫米时，用木条嵌补，并用耐水性胶黏剂粘牢。东厢房梁、檩裂缝嵌补25根，西厢房梁、檩裂缝嵌补24根，堂屋梁、檩裂缝嵌补39根。

柱子维修

五、木构面清理保护

马月坡寨子三合院屋面、墙体、地面及院落、散水等维修完成后，按设计要求对木构面进行清理保护，包括屋面梁、檩、椽子，正立面门、窗、立柱、檐雕、廊雕等。

1. 清理

组织人工用毛刷、鬃刷对所有木构面尤其是木雕缝隙灰尘进行清扫，再用湿毛巾清理污渍，先后两遍。

2. 保护

按设计要求，考虑到马月坡寨子三合院木雕全部是木本色，可人工用桐油粉刷，既能防止木构面朽蚀，又能防虫蛀。

木构件清理

第三节　屋面

屋面揭顶后，发现芦席、苇帘糟朽严重，按设计要求在糟朽芦席中选出一块相对完整的铺在西厢房南侧屋面新芦席下，全部更换新芦席、苇帘。

屋面制作

根据当地传统做法，苫背层由下而上分三层，从木椽向上依次为芦席、苇帘、麦秸、灰泥背（100毫米，分两次铺设，待每层晾至七成时赶压密实，拍打提浆）。

灰泥背的比例按白灰：黄土 =1：3配制，并在泥背内按每50千克白灰掺入2.5—5千克麦秸。泥背抹压要前后坡、东西两端四面同时进行，以免屋架失衡。待泥背干至七成时用石杵、石磙进行杵、压，压出浆后用木抹子压平整，待晾干后再进行二次泥背。

第三章　工程监理

2021年7月，吴忠市文物管理所与河北木石古代建筑设计有限公司签订吴忠市马月坡寨子修缮工程监理合同，监理公司依据工程设计要求对修缮工程给予全程监理，并于工程完工后出具监理报告。

第一节　工程监理工作要点

其一，针对工程建设有关事项，包括工程规模、设计标准、规划设计、生产工艺设计和使用功能要求中存在的问题，需及时向建设方提出建议意见。

其二，对工程设计中的技术问题，按照安全和优化的原则，向设计方提出建议，如果拟提出的建议可能会提高工程造价，或延长工期，应当事先征得建设方的同意。当发现工程设计不符合国家颁布的建设工程质量标准或设计合同约定的质量标准时，监理方应当书面报告建设方并要求设计方更正。

其三，审批工程施工组织和技术，按照保质量、保工期和降低成本的原则，向施工方提出建议，并向建设方提出书面报告。

其四，主持工程建设有关协作单位的组织协调，重要协调事项应当事先向建设方报告。

其五，征得建设方同意，监理方有权发布开工令、停工令、复工令，但应事先向建设方报告。如在紧急情况下未能事先报告，应在24小时内向建设方做出书面报告。

其六，对于不符合设计要求和合同约定，及国家质量标准的材料、构件、设备，有权通知施工方停止使用；对于不符合规范和质量标准的工序、分部分项工程和不安全施工作业，有权通知施工方停工整改、返工，施工方得到监理机构复工令后才能复工。

其七，检查、监督工程施工进度，工程实际竣工日期提前，或超过工程施工合同规定的竣工期限，须由监理方签字确认。

其八，在工程施工合同约定的工程价格范围内，工程款支付的审核和签认权，以及工程结算的复核确认权与否决权，未经总监理工程师签字确认，建设方不支付工程款。

其九，监理方在建设方授权下，可对任何施工方合同规定的义务提出变更。如果由此严重影响了工程费用、质量、进度，则这种变更须经建设方事先批准。在紧急情况下未能事先报建设方批准时，监理方所做的变更也应尽快通知建设方。在监理过程中如发现施工方人员工作不力，监理机构可要求施工方调换有关人员。

其十，在委托的工程范围内，建设方或施工方对对方的任何意见或要求（包括索赔要求），均必须首先向监理机构提出，由监理机构研究处置意见，再同双方协商确定，当建设方和施工方发生争议时，监理机构应根据自己的职能，以独立的身份判断，公正地进行调解，当双方的争议须由政府建设行政主管部门调解或仲裁机关仲裁时，应当提供佐证的事实材料。

第二节　工程监理情况

马月坡寨子修缮工程于2021年7月10日开工，至2021年10月竣工。由吴忠市文物管理所组织设计、监理、施工单位参加，聘请市文旅体广局相关领导及自治区文物局专家评审组于2021年11月26日对工程进行初验，工程质量评定为合格。现将该工程项目监理工作情况总结如下。

一、工程概况

马月坡寨子修缮工程位于吴忠市利通区金星镇金塔社区马月坡寨子文化广场，文物始建于20世纪20年代末。建设单位为吴忠市文物管理所。

马月坡寨子现存的三合院，是马月坡生前居住过的位于后院最西端的独立院落。三合院呈长方形，占地面积640.337平方米。

院内分布着坐北朝南的上房7间，东、西厢房各4间，上房和东、西厢房的地基高度不一样，有明显的主次感，遵循了中国民居上下尊卑、长幼有序的传统文化观念。

建筑所具有的独特风格集中体现在房屋前檐和走廊的装修上。

屋檐的封檐砖，雕出逼真的宝剑、葫芦、花篮、笏板、笛子、吹火筒、芭蕉扇等民间传说中八仙手持的宝器，俗称“暗八仙”，寓意生意兴隆，财源广进。

上房和东、西厢房窗台下的砖罩面刻棋盘格纹，罩面正中分别用青砖雕刻荷花，及梅、兰、竹、菊等民间喜爱的传统花卉图案，寓意全家和美，四季常青。

不论是正房还是厢房，室内外的装饰一般不采用动物题材的图案，精美的木刻木雕也不施彩绘，砖雕保持了本身的青灰色，体现了屋主喜爱淡雅清净、崇尚自然天成的精神理念。

这座古老的寨子采用了土木框架结构和雕、刻、塑等传统建筑工艺，特色鲜明，别具一格，真实地反映了民国时期吴忠地区建筑的工艺技术、审美观点，具有很高的研究、观赏价值。

马月坡寨子堂屋面积206.92 平方米、东厢房面积75.77平方米、西厢房面积75.77平方米、院门2.26平方米，加上院落地面、排水，占地面积640.337平方米，建筑面积358.46平方米。

此次保护修缮工程根据文物建筑具体残损情况，主要解决由于后期修缮不当对文物建筑造成的残损病害，同时结合结构加固，恢复古建筑原有建筑形制和传统做法及工艺。

二、修缮原则和修缮内容

1. 修缮原则

（1）不改变文物原状的原则。保存能够反映时代特征、特殊历史现象的相关信息载体。

（2）安全为主的原则。保证修缮过程中文物的安全和施工人员的安全同等重要，文物与人同样是不可再生的，安全为主的原则是文物修缮中的最低要求。

贯彻文物工作保护为主、抢救第一、合理利用、加强管理的方针，即最大限度地消除或减轻病害，不得因追求外形的完整、美观而复制、补配未影响文物安全、未产生安全隐患的缺失建筑或构件。

（3）质量第一的原则。文物修缮的成功与否，关键是质量，在修缮过程中一定要加强质量意识与管理，在工程材料、修缮工艺、施工工序等方面要符合国家古建筑行业等有关质量标准与法规。尽量选择使用与原构件相同、相近或兼容的材料，使用传统工艺技法。

（4）可逆性、可识别性原则。在修缮过程中，坚持修缮过程的可逆性，保证修缮后的可再处理性，为后人的研究、识别、处理、修缮留有更多的空间，提供更多的历史信息。

（5）尊重传统，保持地方风格的原则。不同的地方有不同的建筑风格与传统手法，在修缮过程中要加以识别，尊重传统。建筑风格的多样性、传统工艺的地域性和营造手法的独特性，特别要保留和继承。

（6）尽最大可能恢复建筑原貌的原则。以建筑现有的做法为主要技术手段，尽最大可能使用原有构件或传统材料，纠正添加部分后恢复原貌，新材料和新技术的应用要有充分的科学依据等。

必须认识到修缮文物的过程是逐渐完善、长期研究认识、长期维护保养的过程，不应强调一次到位，尽善尽美。要留有充足的空间使后人能够继续完善。此外，在修缮中应最大限度地减少对文物的扰动，因为任何修缮措施在绝对意义上讲都不是尽善尽美的。

2. 主要修缮内容

（1）堂屋。堂屋台明现状整修，室内外地面揭墁，重新找坡做垫层，铺设形式和做法与现有地面做法一致，更换碎裂、破损严重青砖，补配破损严重青砖。墙体基础加固，裂缝灌浆，铲除现有白灰罩面，按原做法重做饰面；屋面保存较差，漏雨严重，揭顶维修，嵌补裂缝。更换糟朽严重的木基层。木装修整修，木雕及砖雕保持现状，不得补配及更换，恢复原有建筑功能和建筑风貌。

（2）东厢房。东厢房台明现状整修，室内外地面揭墁，重新找坡做垫层，铺设形式和做法与现有地面做法一致，更换碎裂、破损严重青砖，补配破损严重青砖。墙体裂缝灌浆，拆除现有白灰罩面，重做饰面；木构件打牮拨正，屋面漏雨严重，揭顶维修，更换糟朽严重的木基层。嵌补裂缝。木装修整修，木雕及砖雕保持现状，不得补配及更换。

（3）西厢房。西厢房台明现状整修，室内外地面揭墁，重新找坡做垫层，铺设形式和做法与现有地面做法一致，更换碎裂、破损严重青砖，补配破损严重青砖。墙体裂缝灌浆，拆除现有白灰罩面，重做饰面；木构件打牮拨正，屋面漏雨严重，揭顶维修，更换糟朽严重的木基层。嵌补裂缝。木装修整修，木雕及砖雕保持现状，不得补配及更换。

（4）院门。地面整修，补配破损青砖；墙体酥碱的青砖剔补，屋面重新苫背，门等整修嵌补裂缝。

（5）环境。

①地面：院落地面揭墁，重新找坡做垫层，更换碎裂、破损严重青砖。

②排水：因院外地坪高于院内地坪，而院外地坪大面积降低无法实现，故本次对现有排水口重新做防水，院外增加雨水检查井，将雨水引至院子东侧市政雨水管网中。

③散水：对基础加固时需揭墁的青砖散水，待四周基础加固完成后按原做法重新铺墁，未涉及区域的散水保持现状。

三、监理合同履行情况

河北木石古代建筑设计有限公司根据工程的实际情况对本工程实施监理，确立了严格监理、平等相待、以理服人的工作方法，严格按照委托监理合同约定的权利和义务认真履行职责，对施工过程全程监控，依据监理规范要求和有关工程验收规范进行现场的质量、安全、进度等方面的控制，本工程安全无事故，完成的工程质量达到设计要求和国家有关规范要求。

1. 工程质量的控制

（1）对施工单位及施工人员的控制。施工方进场后，监理方首先对施工方的企业资质以及营业范围进行审查，同时重点审查其管理人员及特殊工种作业人员的上岗资质，对其上岗执业资格予以确认；对分包单位的施工资质及其管理人员的上岗执业资格予以确认。

（2）对原材料、构配件的质量控制。本工程的主要材料为城砖、沙子、抹灰等。原材料进场后由建设方、监理方现场验收质量，不合格不得用于工程，检验合格后方可用于工程。

（3）施工方法、技术措施的控制。在控制施工方的施工方法和技术措施方面，监理方采取预控措施。在施工方准备施工工程项目前，监理方要求施工方必须提前上报施工组织设计或施工技术措施；并经监理方专业监理工程师、总监理工程师审查批准后，方允许其施工。在监理过程中，监理方现场对施工方各项技术措施及质量保证措施的落实情况进行监督检查。

（4）施工机械设备及环境的控制。选择适合工程实际需要的机械设备，是保证工程质量、安全和进度的必要条件。马月坡寨子修缮工程中使用的机械设备包括角磨机、打夯机、磨砖机及切砖机等，监理过程中监理方对采用的机械设备进行监控和调整，以确保工程各项目标的实现。在施工监理过程中，及时要求施工方对所使用的机械设备进行补充、保养，保证工程质量和进度。

在环境控制方面，要求施工方对材料运输过程中的溢洒物及时清理，在泼灰现场搭设围挡，避免灰尘四处飞扬，影响周围环境。

2. 施工进度控制

根据合同工期要求，结合工程现场实际情况进行进度控制。

审定承包单位的总进度计划，根据总进度计划审定月进度计划，根据审定的月进度计划审定周进度计划。

对进度完成情况进行跟踪检查，出现偏差时与施工方、建设方一同分析滞后的原因，提出相应的措施和解决方案，在保证工程质量和安全的情况下进行材料代换，减少因材料供应不及时给工程带来的不利影响。

3. 工程安全的控制

按照文物保护和建设工程安全管理的要求对施工现场的安全情况进行管理。监理方成立以总监为首，全员参与的安全管理小组，做好本工程的安全监理工作。在工程实施过程中审查施工方报审的施工组织设计的安全技术措施及专项施工方案，施工组织设计的安全技术措施及专项技术方案应符合工程建设强制性标准，以及文物修缮的原则。在实施工程监理过程中，对安全生产巡视检查。发现安全事故隐患，当场通知施工方整改。审查施工方报审的施工组织设计或专项施工方案的文物保护措施和安全施工措施，使之符合文物保护法等相关法律法规。

对施工方的施工过程进行巡视检查时，重点检查施工方文物保护措施、脚手架的支搭、施工临时用电和防高空坠落等安全措施的执行情况，在施工过程中监督施工方对工人进行安全教育、文物保护教育，检查施工方的安全技术交底，督促施工方建立安全管理制度，保证施工过程中文物本体的安全和工人的人身安全。在检查过程中发现的各种安全事故隐患，及时通知施工方并督促其立即整改。

四、监理工作成效

监理过程中发现的问题及要求整改效果：

外 墙

现场发现木构件榫卯松动，要求施工方整改。

木装修安装后，部分破损、开裂，要求施工方维修更换。

地面铺装之间缝隙过大，要求整改。

五、监理提出的合理化意见及采纳后效果

其一，施工方进场后进行脚手架搭设，以无施工空间为由搭设单排脚手架，监理方发现后立即责令施工方整改，必须搭设双排脚手架，且必须有扫地杆和斜撑。

其二，施工过程中，为了保证屋面的防水效果，与施工方、设计方、建设方沟通后，在屋面增加一层防水层，材料采用防水卷材。

其三，进行墙面粉刷时，施工方未对旧空鼓墙面彻底清理，就进行墙面抹灰和粉刷工序，监理方发现后，立即责令施工单位进行整改。

其四，主题部分、隐蔽部分存在木料腐朽现象，图纸并未涉及，为了主体结构和外观效果考虑，监理方与建设方、施工方协调后，提议更换腐朽部位材料。

六、协调沟通方面的监理工作

其一，在施工现场，发现未被发现的部分文物，监理方及时与建设方和相关管理人员联系，并责令施工方立即对现场进行保护，以免造成不必要的损失。

其二，施工方发现本建筑屋面根据平常做法无法达到防雨效果，监理方积极与施工方研究、商讨，并出台相关的补救方法。

其三，由于工程工期较长，所以在施工进度的监督方面，监理方及时协调和解决施工方与业主的部分矛盾，在争取建设方、施工方正常利益的前提下，尽量满足建设方的部分要求。

七、监理工作小结

在参建各方的相互配合、顺畅沟通、共同努力下，工程质量合格，安全无事故发生。在施工管理过程中，监理方严格要求、规范管理，派专人跟踪检验，对现场存在的质量和安全问题及时以口头通知的形式通知整改，对于落实不到位的情况以监理工作联系单和监理通知形式向施工方提出，施工过程中进场召开碰头会，及时解决现场存在的各类问题。

在工程施工过程中，有关领导及自治区文物局领导多次来到工地指导工作，通过各方的共同努力，本工程质量合格，安全无事故发生。监理方河北木石古代建筑设计有限公司圆满完成此工程的各项监理任务。

封檐砖

第四章　工程管理

第一节　规划和立项

宁夏回族自治区重点文物保护单位马月坡寨子修缮工程于2019年9月由自治区文物局以宁文物发〔2019〕59号文件评审通过立项。

2020年6月15日，自治区文物局核发《关于吴忠市马月坡寨子修缮工程勘察设计方案的意见》(宁文物发〔2020〕46号)，原则同意《吴忠市马月坡寨子修缮工程勘察设计方案》

2021年3月31日，中共吴忠市文化旅游体育广电局《会议纪要》(〔2021〕6号)同意由市文管所实施吴忠市马月坡寨子文物保护修缮工程项目。

第二节　竣工验收组织和验收结论

一、工程施工

2021年6月11日，马月坡寨子修缮工程开标，宁夏琢艺古建筑工程有限公司中标，中标价114万元，7月10日开工。至2021年10月，工程全面竣工，完成建筑主体结构、墙体、木构件、地面及围墙、院门的修缮。

二、工程初验

2021年10月18日，施工方宁夏琢艺古建筑工程有限公司向建设方吴忠市文物管理所提交了自验报告和竣工验收申请。

2021年10月19日，吴忠市文物管理所组织市文旅体广局及建设、施工、设计、监理等相关部门对马月坡寨子修缮工程进行了初验："本工程完成了招标清单和设计要求的工程量，屋面、墙体、地面、基础加固、木结构防腐处理，院墙、院门修缮等符合设计方和建设方要求的质量标准和工艺要求，原材料的材质、规格等也符合古建筑修缮技术规范，原则上初验通过，督促施工方对存在的问题进行整改后，尽快组织专家组进行正式验收。”

三、工程验收

2021年11月，施工方完成整改。2021年11月26日，吴忠市文物管理所组织自治区文物局专家组对马月坡寨子修缮工程进行验收。

验收专家组成员有宁夏回族自治区文物保护中心主任、文博研究员马建军，西夏陵管理处副主任张艺明，宁夏博物馆文博副研究员冯海英。吴忠市文化旅游体育广电局四级调研员韩志刚，项目管理科科长、四级调研员张银国和吴忠市文物管理所所长、文博副研究员任淑芳及施工方、设计方、监理方负责人参加了验收。验收组专家通过实地查勘、听取汇报、查阅资料、现场质询、当场打分等环节，最后经过讨论，认为该工程较好地满足了设计方案要求，解决了该古建筑屋面、地面漏水，木作糟朽、缺失等病害，使文物得到有效保护，工程修旧如旧，观感较好，质量合格，同意通过竣工验收。

附录

大事记

1984年

宁夏回族自治区第二次文物大普查时发现了马月坡寨子，仅剩一段残破的西寨墙和作为库房的西三合院。吴忠市文物普查组对寨子进行了实地调查。

2002年

经吴忠市文物管理所申请，利通区人民政府划拨经费4万元，更换屋顶房泥，重新砌筑后墙基础和墙体，对毁损的屋檐砖雕进行雕刻、更换，设计新建了院门和围墙。

2005年

马月坡寨子三合院和残存的寨墙正式交由文化文物部门管理。

文物管理所利用文物保护专项经费，自兴隆巷主管网铺设自来水管道，引入供水；维修原有排水管道，使排水畅通；向供电局申请专表，接入电源。

2017年

8月　吴忠市政府修建马月坡寨子文化广场，市文旅体广局向市政府申请一并维修马月坡寨子寨墙。此次维修包括加固寨墙墙基，修补墙体、做墙顶防水，在寨墙四周安装大理石栏杆三个部分。

2018年

8月　吴忠市文物管理所委托河南园冶古建园林工程设计有限公司对马月坡寨子进行全面勘察。

2020年

6月　自治区文物局批准《宁夏回族自治区吴忠市马月坡寨子修缮工程勘察设计方案》。

8月　北京太和华典工程咨询有限公司审核通过吴忠市马月坡寨子修缮工程预算，审定金额141.08万元。

2021年

5月28日　宁夏回族自治区公共资源交易网发布《吴忠市文物管理所吴忠市马月坡寨子修缮工程（三次）项目竞争性磋商采购公告》。

6月11日　宁夏琢艺古建筑工程有限公司中标。

7月　吴忠市文物管理所与宁夏琢艺古建筑工程有限公司签订吴忠市马月坡寨子修缮

工程施工合同，与河北木石古代建筑设计有限公司签订修缮工程监理合同。

10月18日　施工方宁夏琢艺古建筑工程有限公司向建设方吴忠市文物管理所提交了自验报告和竣工验收申请。

10月19日　吴忠市文物管理所组织市文旅体广局及建设、施工、设计、监理等相关部门对马月坡寨子修缮工程进行了初验："本工程完成了招标清单和设计要求的工程量，屋面、墙体、地面、基础加固、木结构防腐处理，院墙、院门修缮等符合设计方和建设方要求的质量标准和工艺要求，原材料的材质、规格等也符合古建筑修缮技术规范，原则上初验通过，督促施工方对存在的问题进行整改后，尽快组织专家组进行正式验收。"

11月26日　吴忠市文物管理所组织自治区文物局专家组对马月坡寨子修缮工程进行验收。验收组专家通过实地查勘、听取汇报、查阅资料、现场质询、当场打分等环节，最后经过讨论，认为该工程较好地满足了设计方案要求，解决了该古建筑屋面、地面漏水，木作糟朽、缺失等病害，使文物得到有效保护，工程修旧如旧，观感较好，质量合格，同意通过竣工验收。

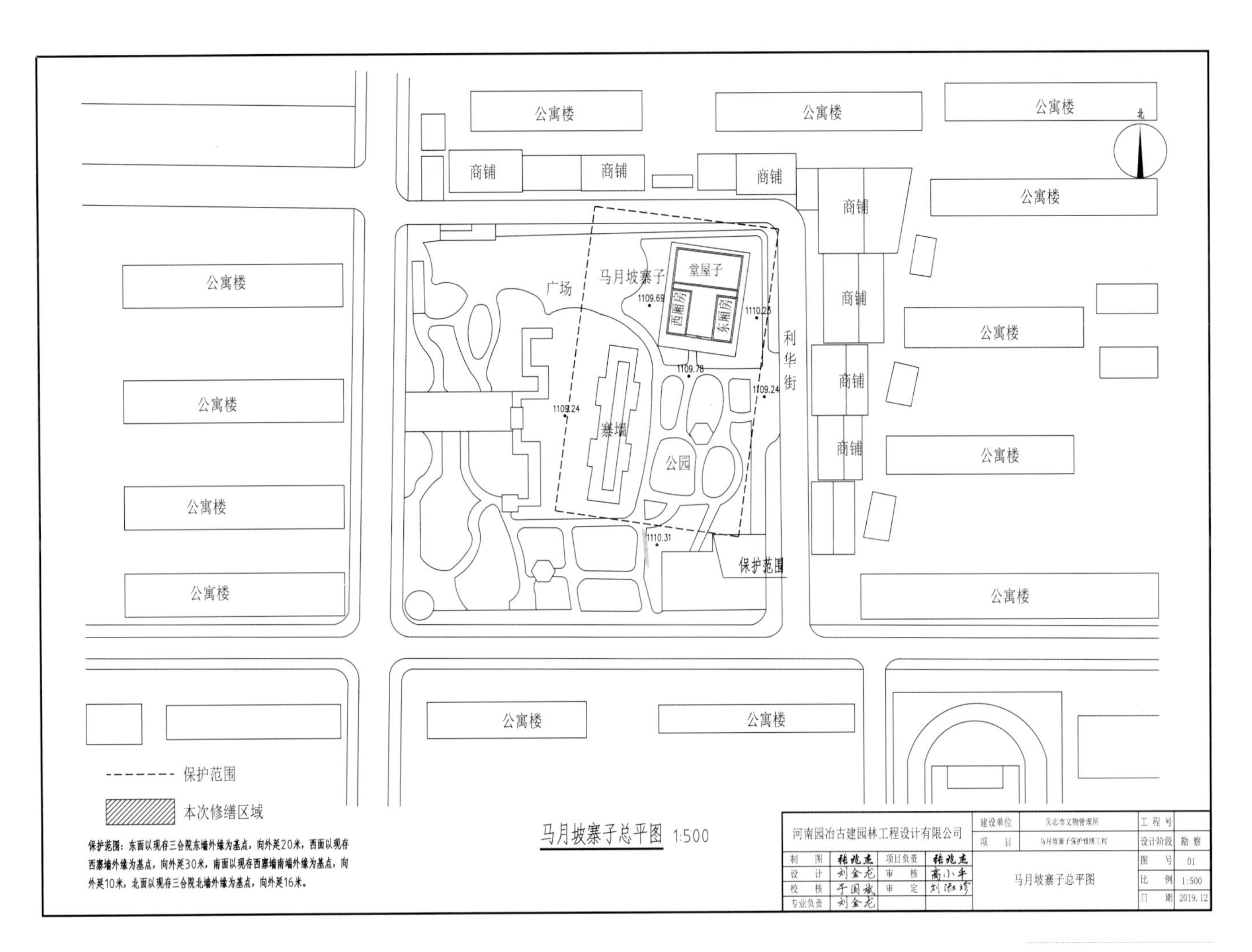
公寓楼
公寓楼
公寓楼
商铺
商铺
商铺
公寓楼
商铺
商铺
商铺
商铺
公寓楼
公寓楼
公寓楼
公寓楼
公寓楼
公寓楼
公寓楼
广场
马月坡寨子
堂屋子
西厢房
东厢房
1109.69
1110.23
1109.78
1109.24
1109.24
1110.31
寨墙
公园
利华街
保护范围
公寓楼
公寓楼
公寓楼
保护范围
本次修缮区域
保护范围：东面以现存三合院东墙外缘为基点，向外延20米，西面以现存西寨墙外缘为基点，向外延30米，南面以现存西寨墙南端外缘为基点，向外延10米，北面以现存三合院北墙外缘为基点，向外延16米。
马月坡寨子总平图 1:500
河南园冶古建园林工程设计有限公司
建设单位 吴忠市文物管理所
项目 马月坡寨子保护修缮工程
工程号
设计阶段 勘察
制图 张兆杰
项目负责 张兆杰
设计 刘金龙
审核 高小平
校核 于国斌
审定 刘淑珍
专业负责 刘金龙
马月坡寨子总平图
图号 01
比例 1:500
日期 2019.12

马月坡寨子总平面图

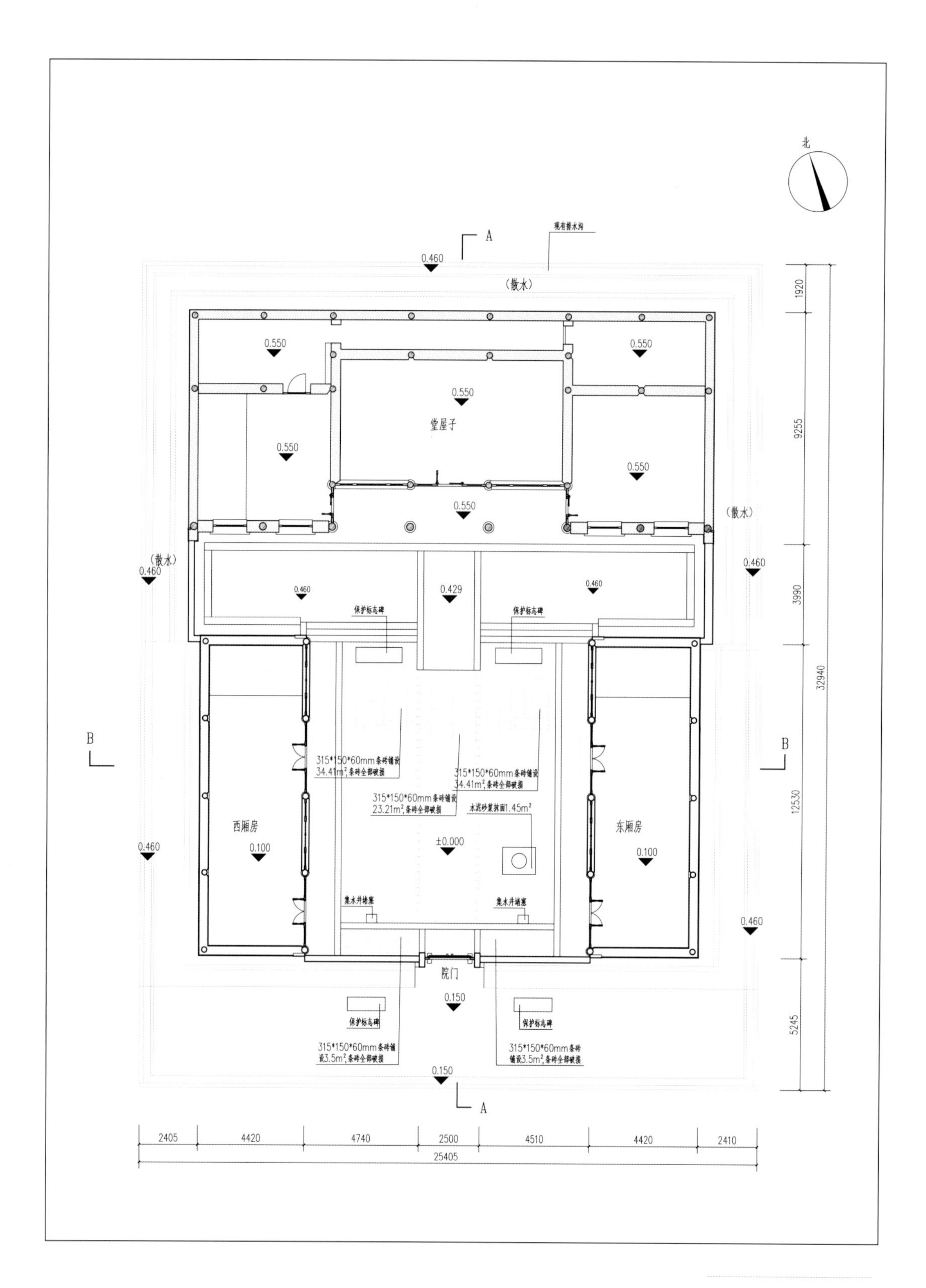
北
A
现有排水沟
0.460
（散水）
1920
0.550
0.550
0.550
堂屋子
9255
0.550
0.550
0.550
（散水）
（散水）
0.460
0.460
0.460
0.429
0.460
3990
保护标志碑
保护标志碑
32940
B
B
315*150*60mm条砖铺设
34.41m²,条砖全部破损
315*150*60mm条砖铺设
34.41m²,条砖全部破损
315*150*60mm条砖铺设
23.21m²,条砖全部破损
水泥砂浆抹面1.45m²
12530
西厢房
东厢房
0.460
0.100
±0.000
0.100
集水井堵塞
集水井堵塞
0.460
院门
0.150
保护标志碑
保护标志碑
5245
315*150*60mm条砖
铺设3.5m²,条砖全部破损
315*150*60mm条砖
铺设3.5m²,条砖全部破损
0.150
A
2405
4420
4740
2500
4510
4420
2410
25405

马月坡寨子院落平面图

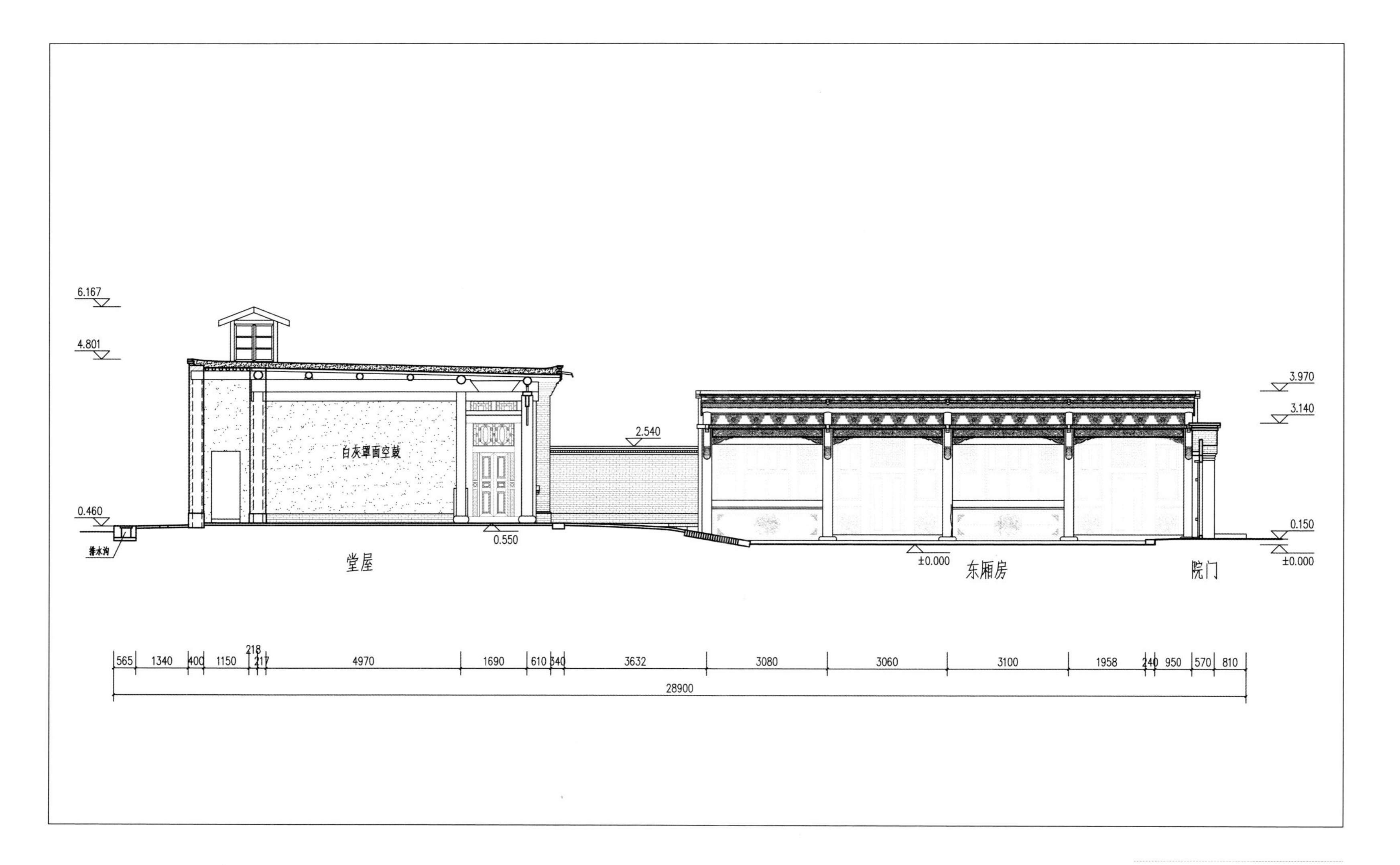

马月坡寨子院落 A-A 剖面图

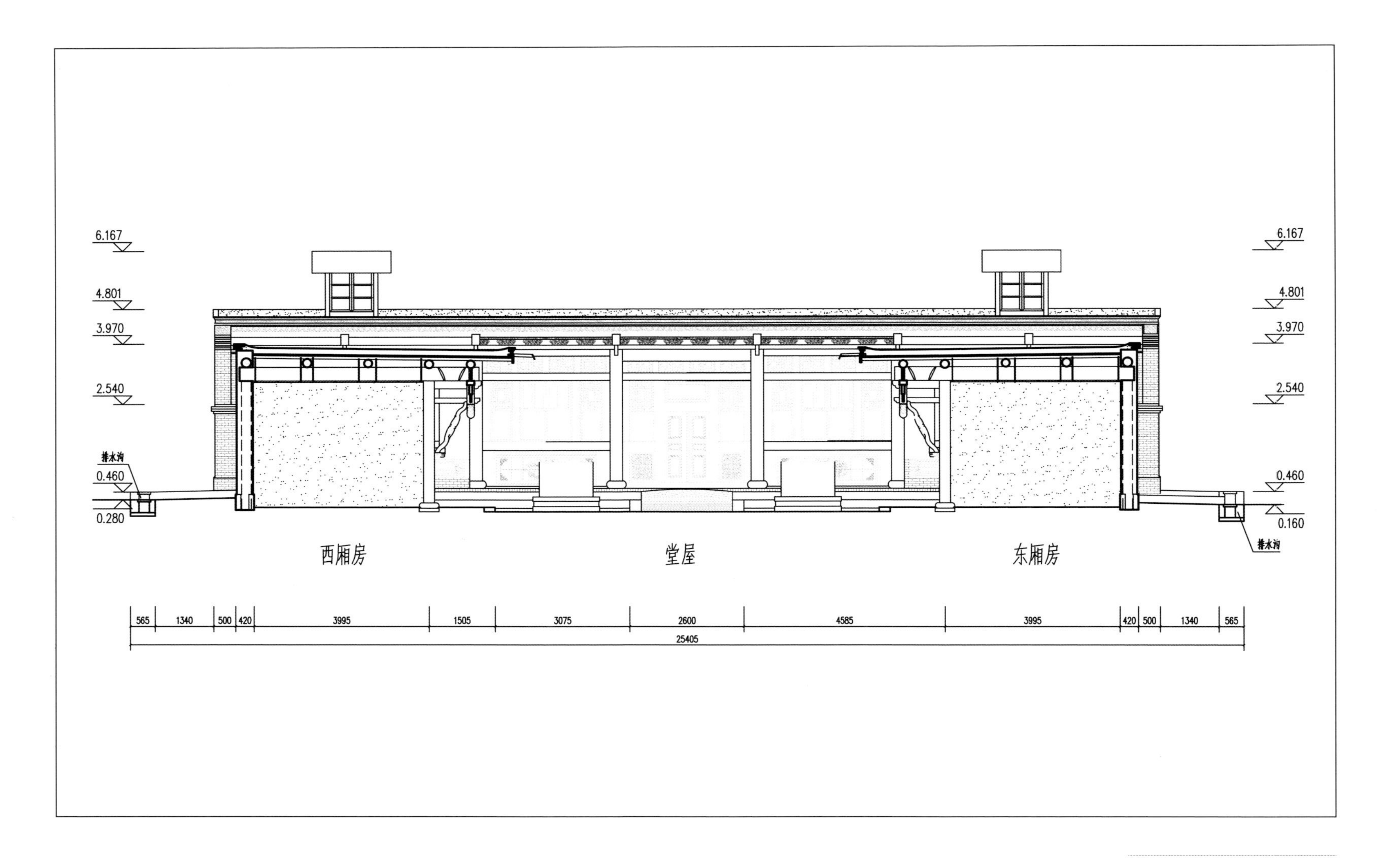

马月坡寨子院落 B-B 剖面图

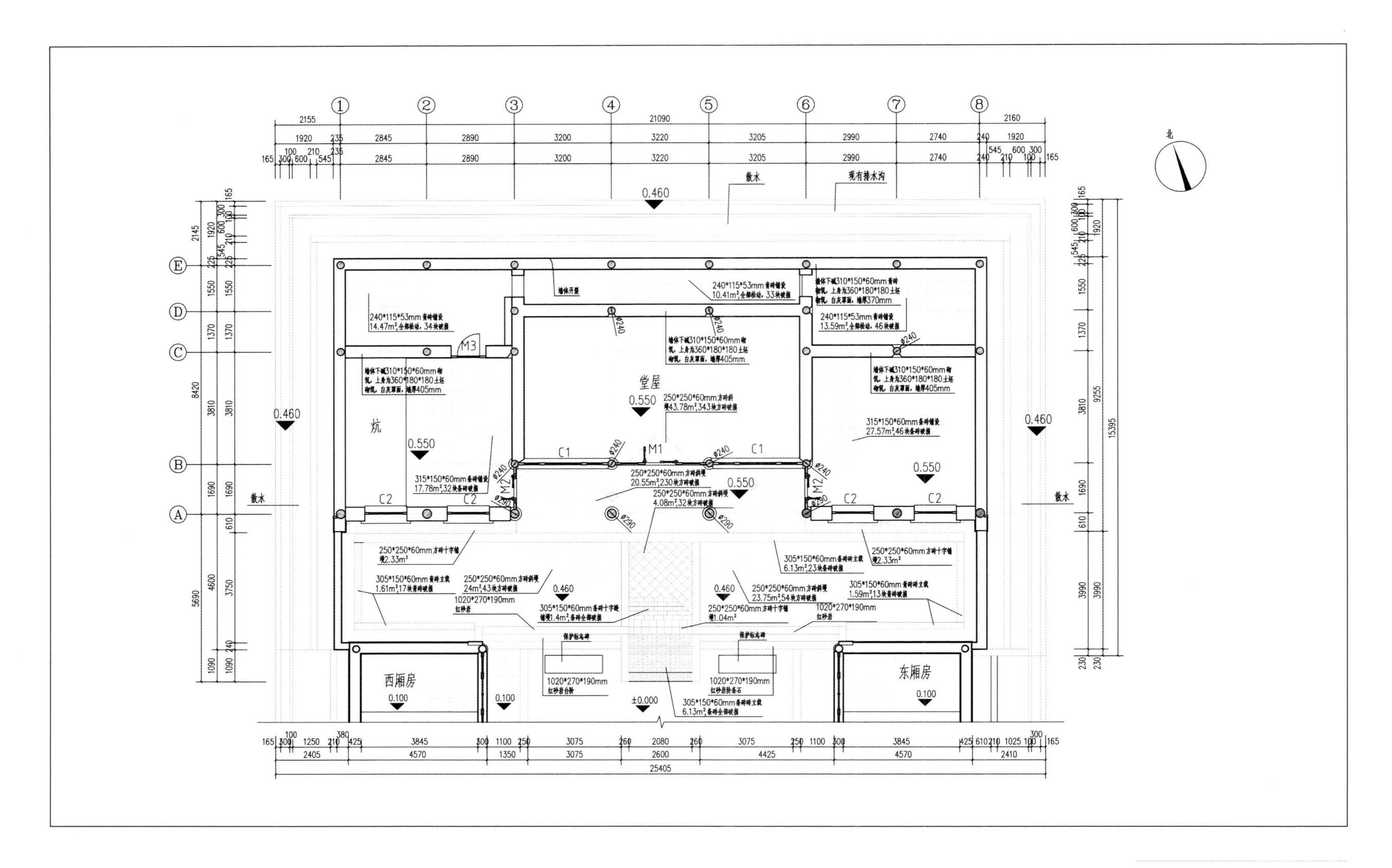

堂屋平面图

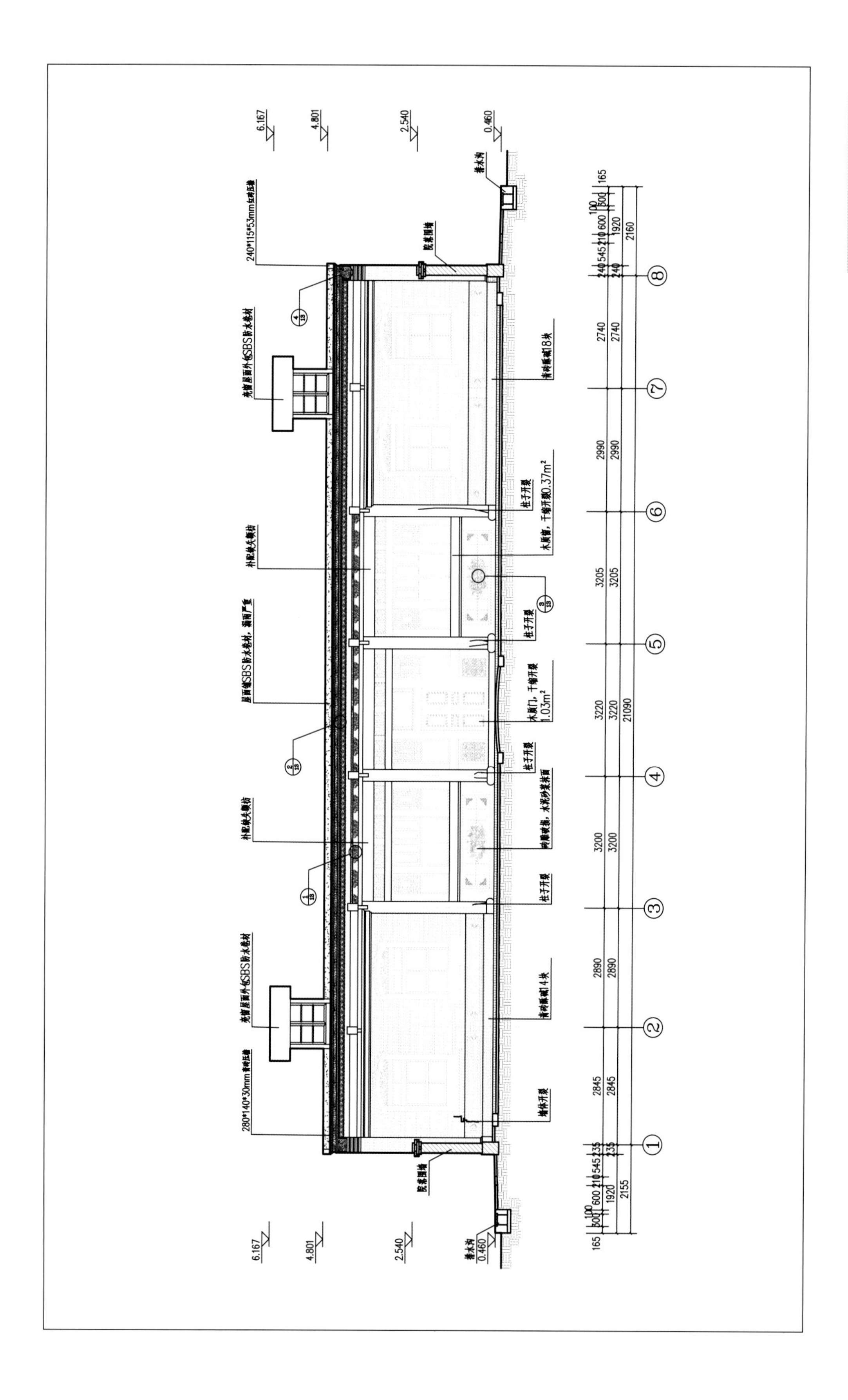

堂屋南立面图

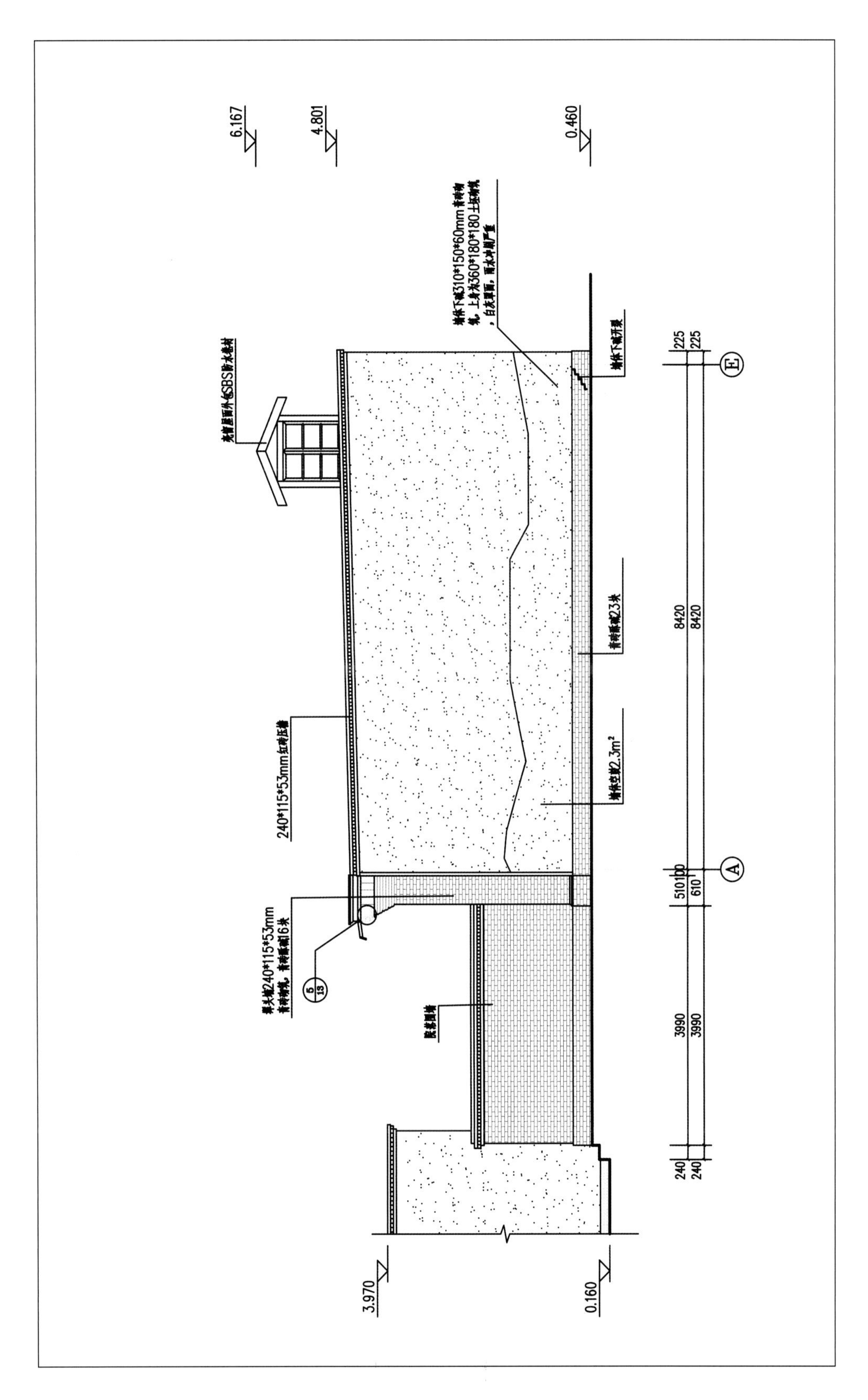
6.167
4.801
0.460
240*115*53mm红砖压檐
8420
8420
3990
3990
240
240
225
225
610
3.970
0.160

堂屋东立面图

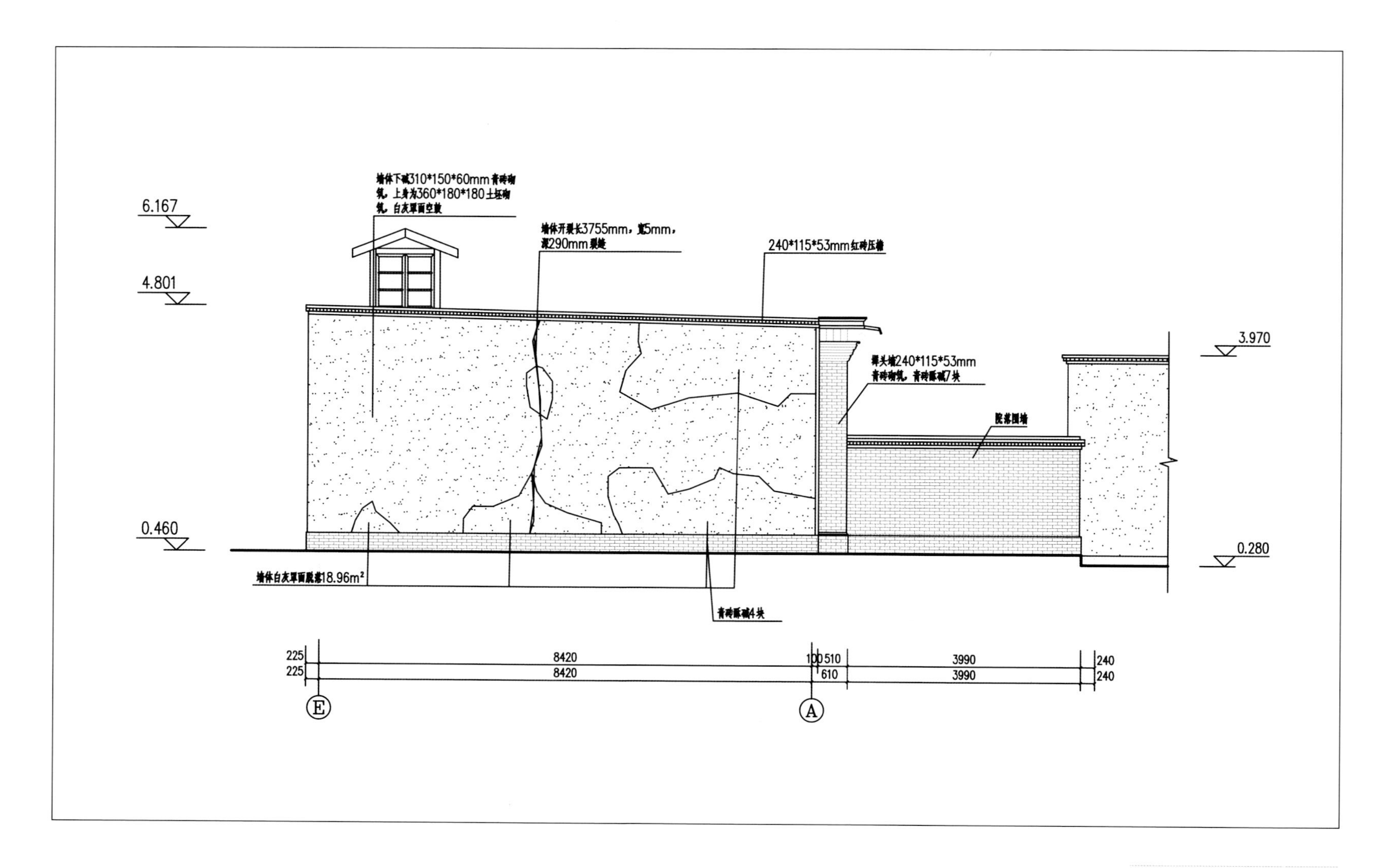

墙体下碱310*150*60mm青砖砌筑，上身为360*180*180土坯砌筑，白灰罩面空鼓
6.167
墙体开裂长3755mm，宽5mm，深290mm裂缝
240*115*53mm红砖压檐
4.801
墀头墙240*115*53mm青砖砌筑，青砖酥碱7块
院落围墙
3.970
0.460
0.280
墙体白灰罩面脱落18.96m²
青砖酥碱4块
225
8420
100
510
610
3990
240
E
A

堂屋西立面图

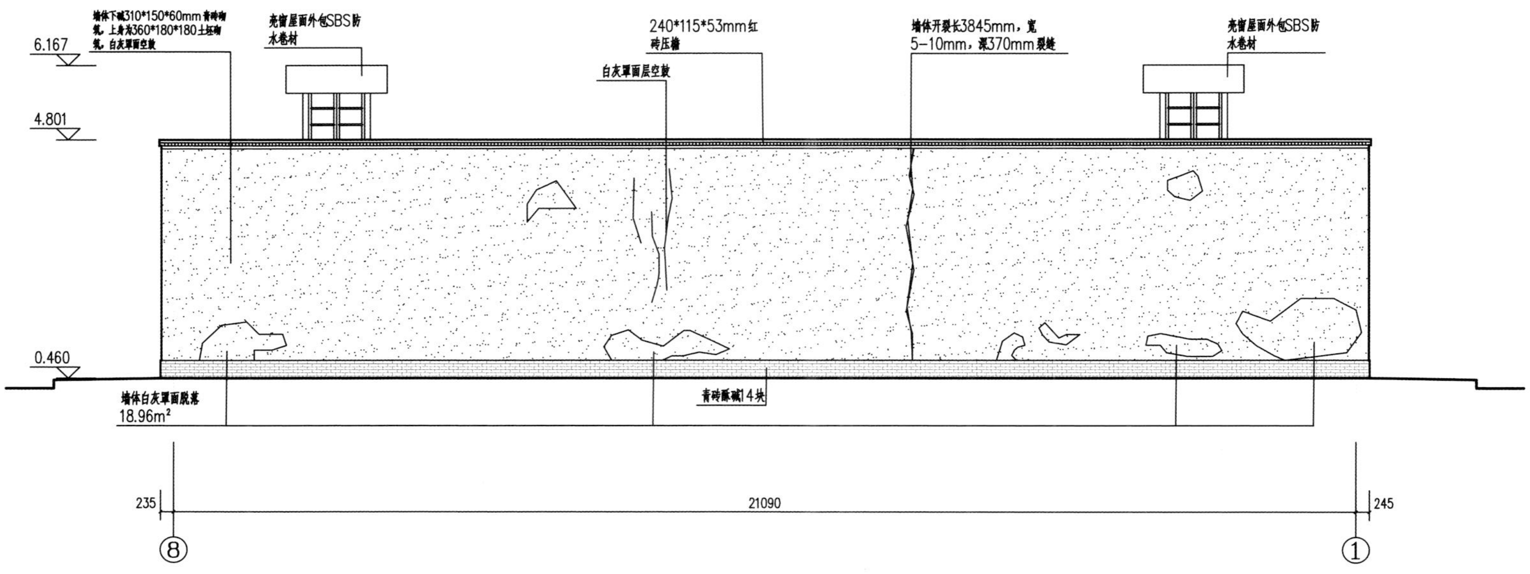

6.167

4.801

0.460

墙体下碱310*150*60mm青砖砌筑，上身为360*180*180土坯砌筑，白灰罩面空鼓

亮窗屋面外包SBS防水卷材

240*115*53mm红砖压檐

白灰罩面层空鼓

墙体开裂长3845mm，宽5–10mm，深370mm裂缝

亮窗屋面外包SBS防水卷材

墙体白灰罩面脱落 18.96m²

青砖酥碱14块

235

21090

245

⑧

①

堂屋北立面图

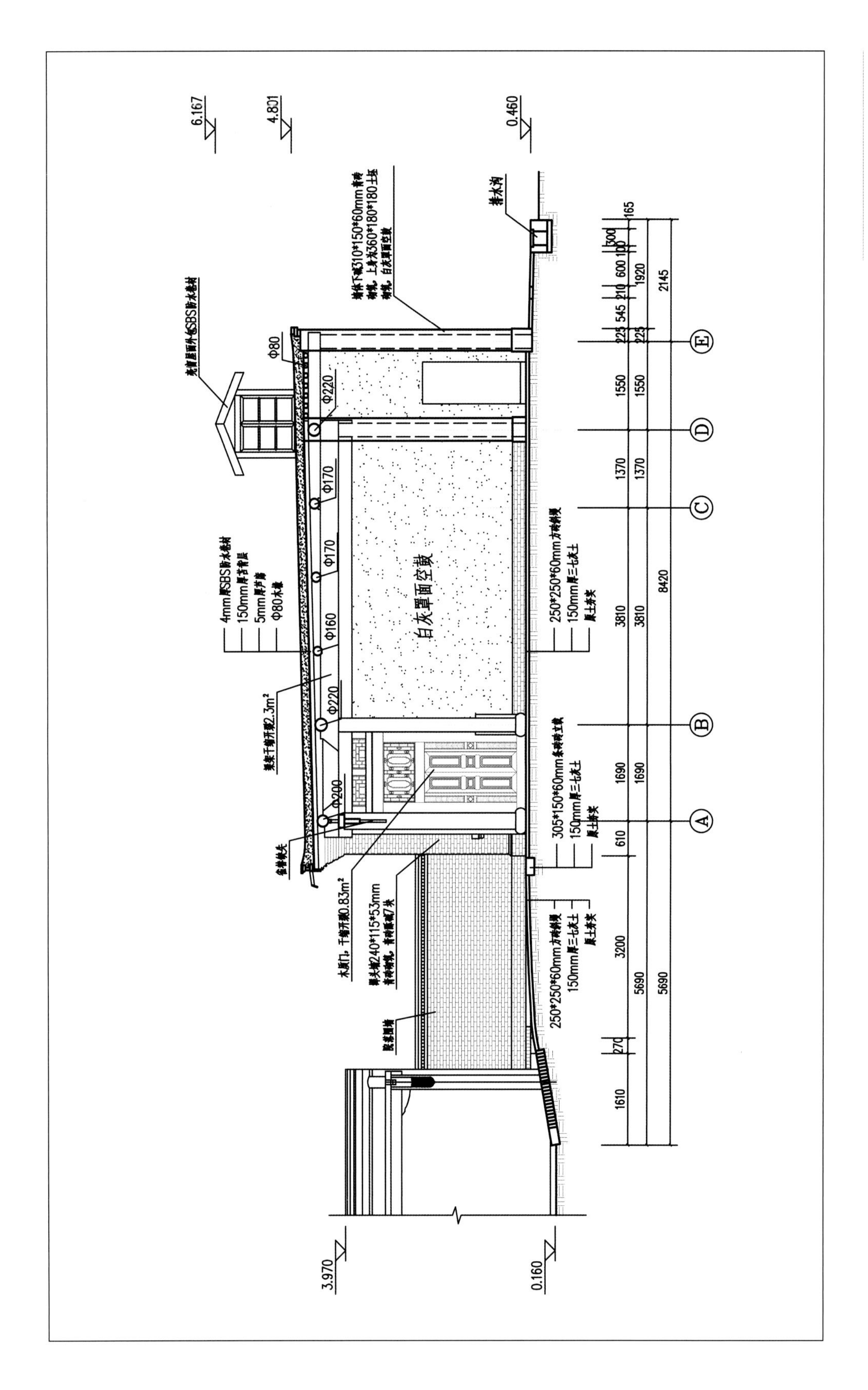
6.167
4.801
0.460
排水沟
白灰罩面空鼓
4mm厚SBS防水卷材
150mm厚青灰层
5mm厚护板
Φ80木椽
Φ220
Φ170
Φ170
Φ160
Φ220
Φ200
Φ80
250*250*60mm方砖铺地
150mm厚三七灰土
素土夯实
305*150*60mm条砖铺地
150mm厚三七灰土
素土夯实
250*250*60mm方砖铺地
150mm厚三七灰土
素土夯实
1610
270
3200
610
1690
3810
1370
1550
225
545
210
600
100
300
165
5690
5690
1690
3810
1370
1550
225
1920
8420
2145
A
B
C
D
E
3.970
0.160

堂屋剖面图

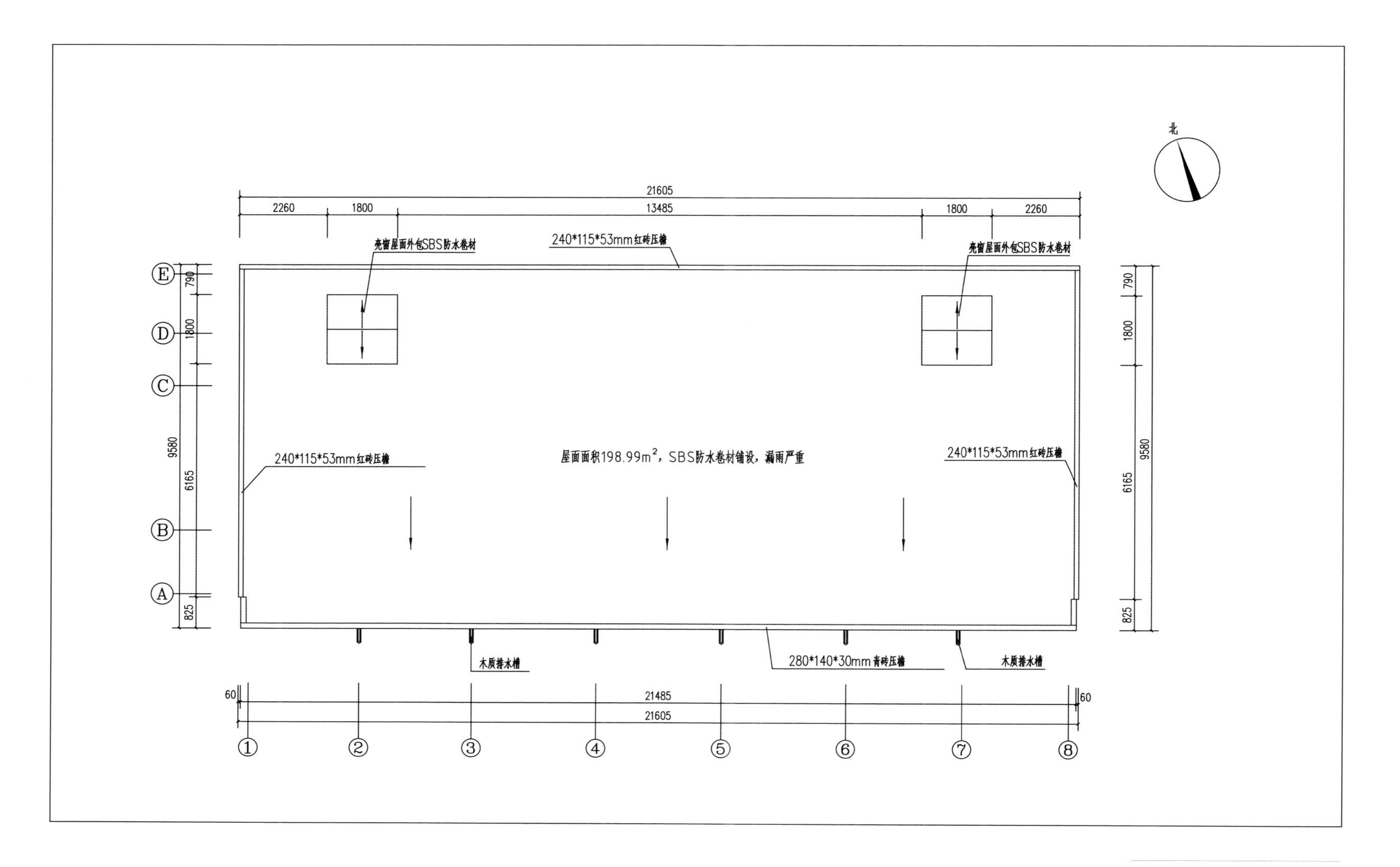
北
21605
2260
1800
13485
1800
2260
亮窗屋面外包SBS防水卷材
240*115*53mm红砖压檐
亮窗屋面外包SBS防水卷材
790
1800
9580
6165
825
240*115*53mm红砖压檐
屋面面积198.99m²，SBS防水卷材铺设，漏雨严重
240*115*53mm红砖压檐
木质排水槽
280*140*30mm青砖压檐
木质排水槽
60
21485
21605
60

堂屋屋面俯视图

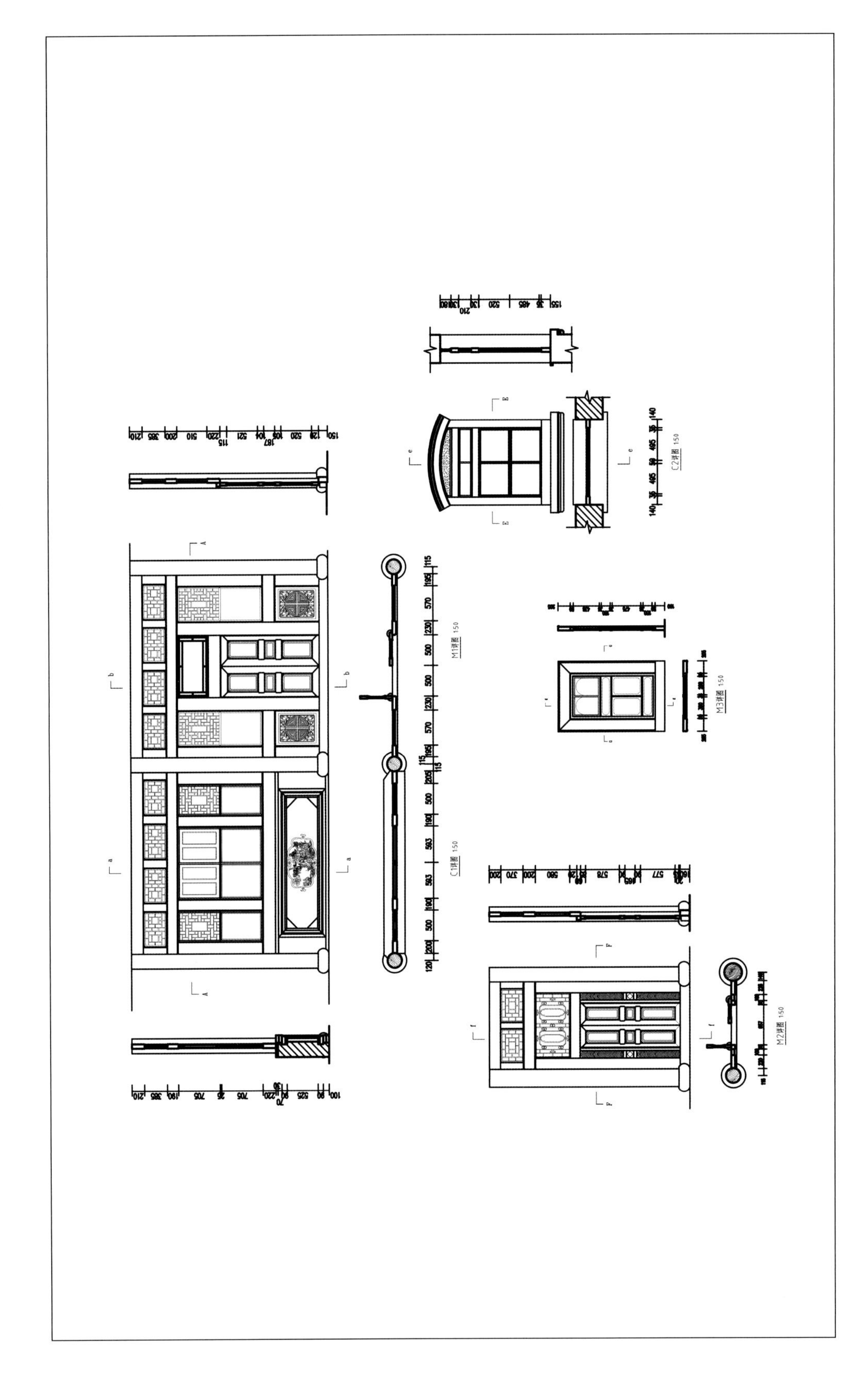
M1详图
C1详图
C2详图
M3详图
M2详图

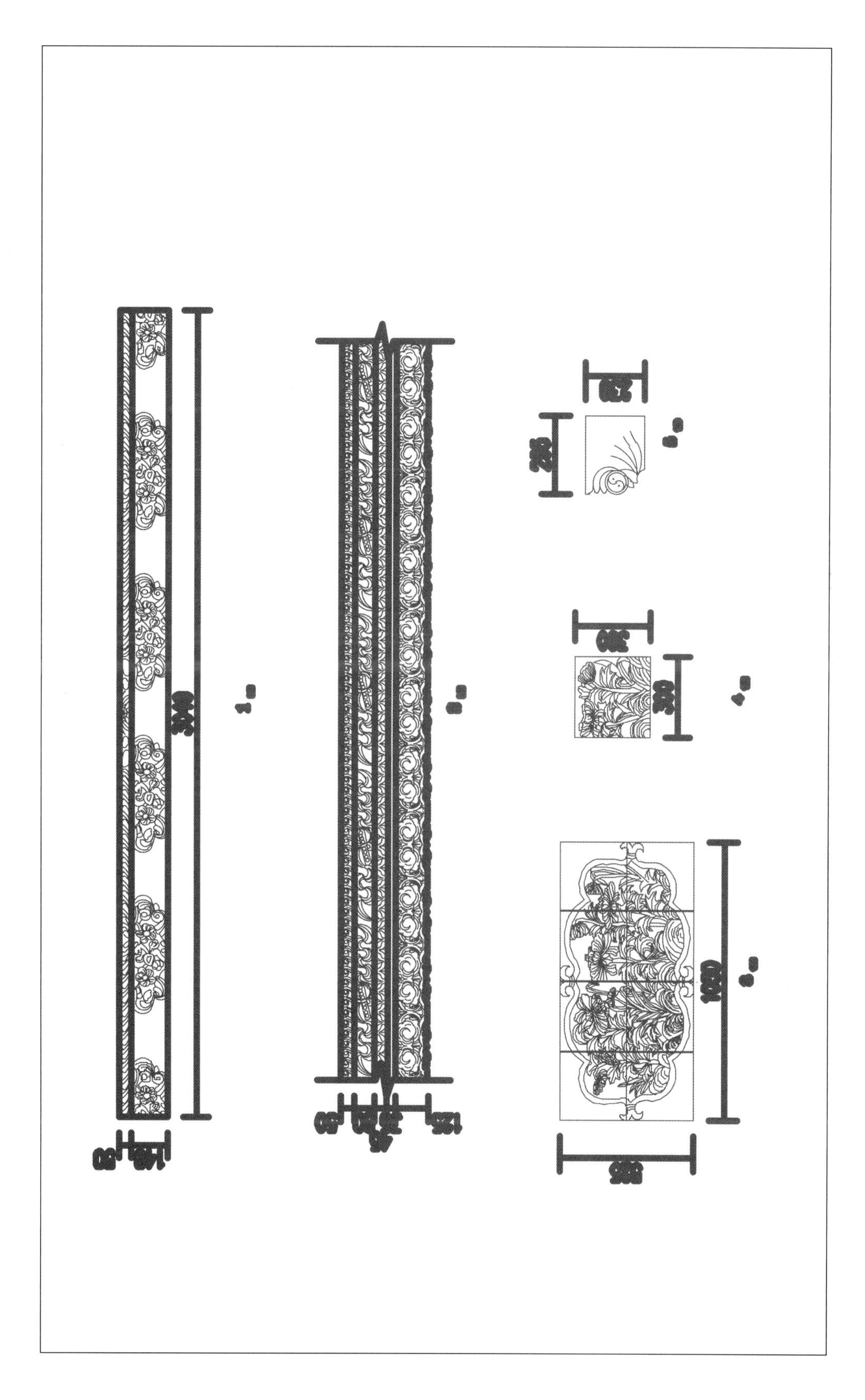

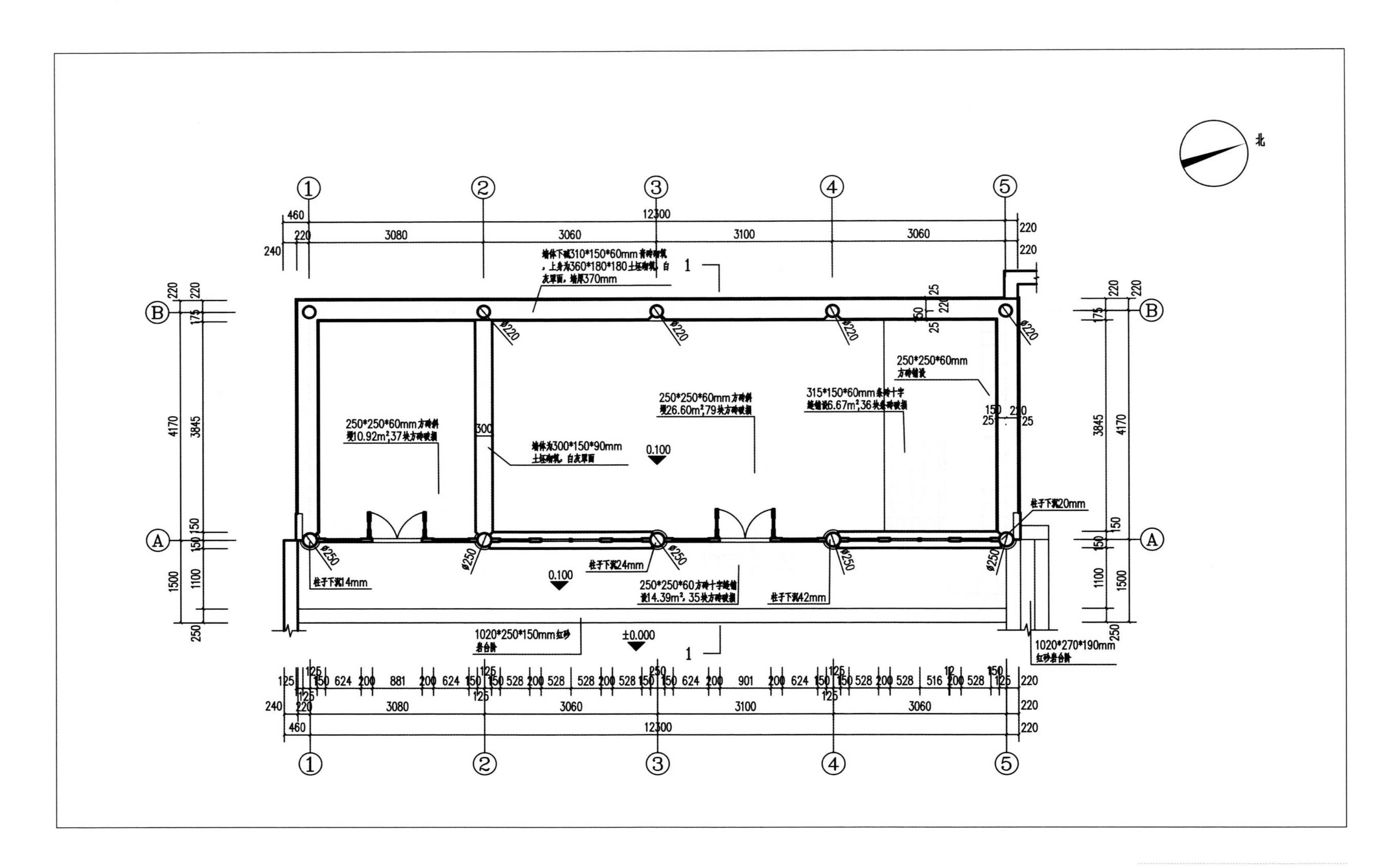
北
1
2
3
4
5
A
B
12300
3080
3060
3100
3060
4170
3845
1500
1100
250*250*60mm
250*250*60mm方砖斜
250*250*60mm方砖斜
315*150*60mm条砖十字
墙体为300*150*90mm
0.100
0.100
±0.000
柱子下沉20mm
柱子下沉14mm
柱子下沉24mm
柱子下沉42mm
1020*250*150mm红砂
1020*270*190mm
ø220
ø250

西厢房平面图

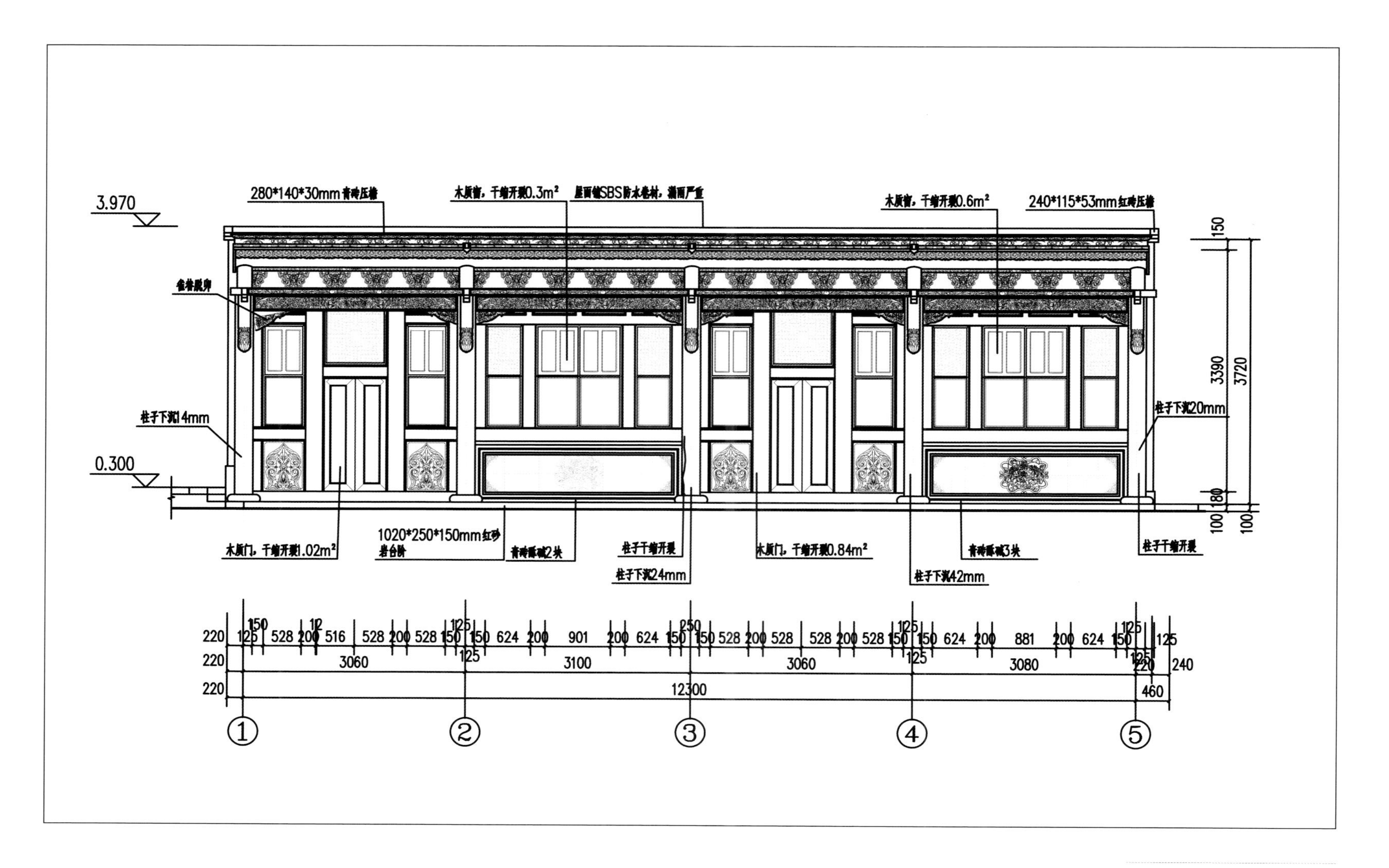

3.970
280*140*30mm青砖压檐
木质窗，干缩开裂0.3m²
屋面做SBS防水卷材，漏雨严重
木质窗，干缩开裂0.6m²
240*115*53mm红砖压檐
柱子下沉14mm
0.300
柱子下沉20mm
木质门，干缩开裂1.02m²
1020*250*150mm红砂岩台阶
青砖酥碱2块
柱子干缩开裂
柱子下沉24mm
木质门，干缩开裂0.84m²
柱子下沉42mm
青砖酥碱3块
柱子干缩开裂
150
3390
3720
80
100
100
220
125
150
528
200
12
516
528
200
528
150
125
150
624
200
901
200
624
150
250
150
528
200
528
528
200
528
150
125
150
624
200
881
200
624
150
125
125
220
3060
125
3100
3060
125
3080
125
220
240
220
12300
460
220
1
2
3
4
5

西厢房东立面图

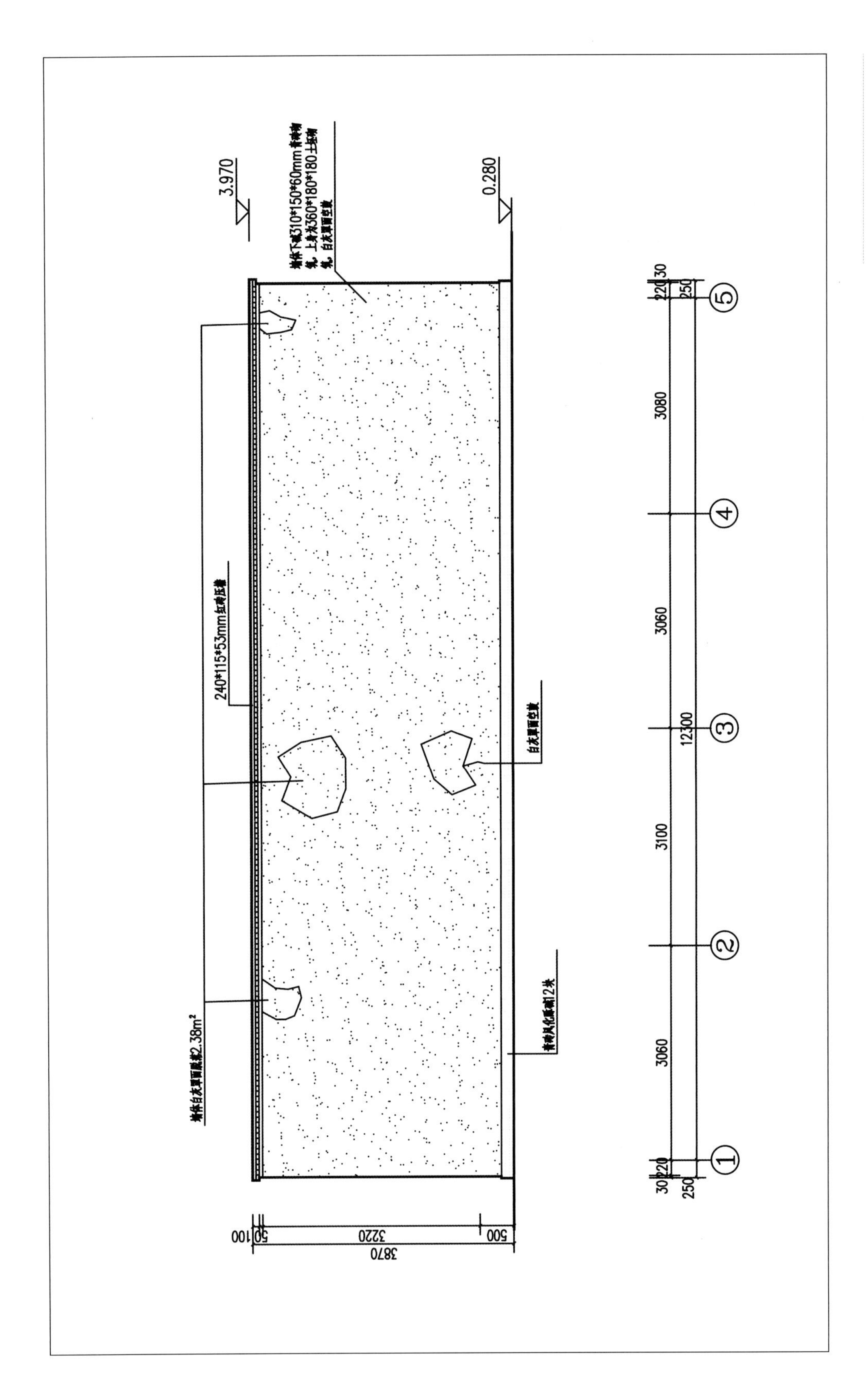
3.970
0.280
240*115*53mm红砖压檐
3080
3060
3100
3060
12300
3870
3220
500

西厢房西立面图

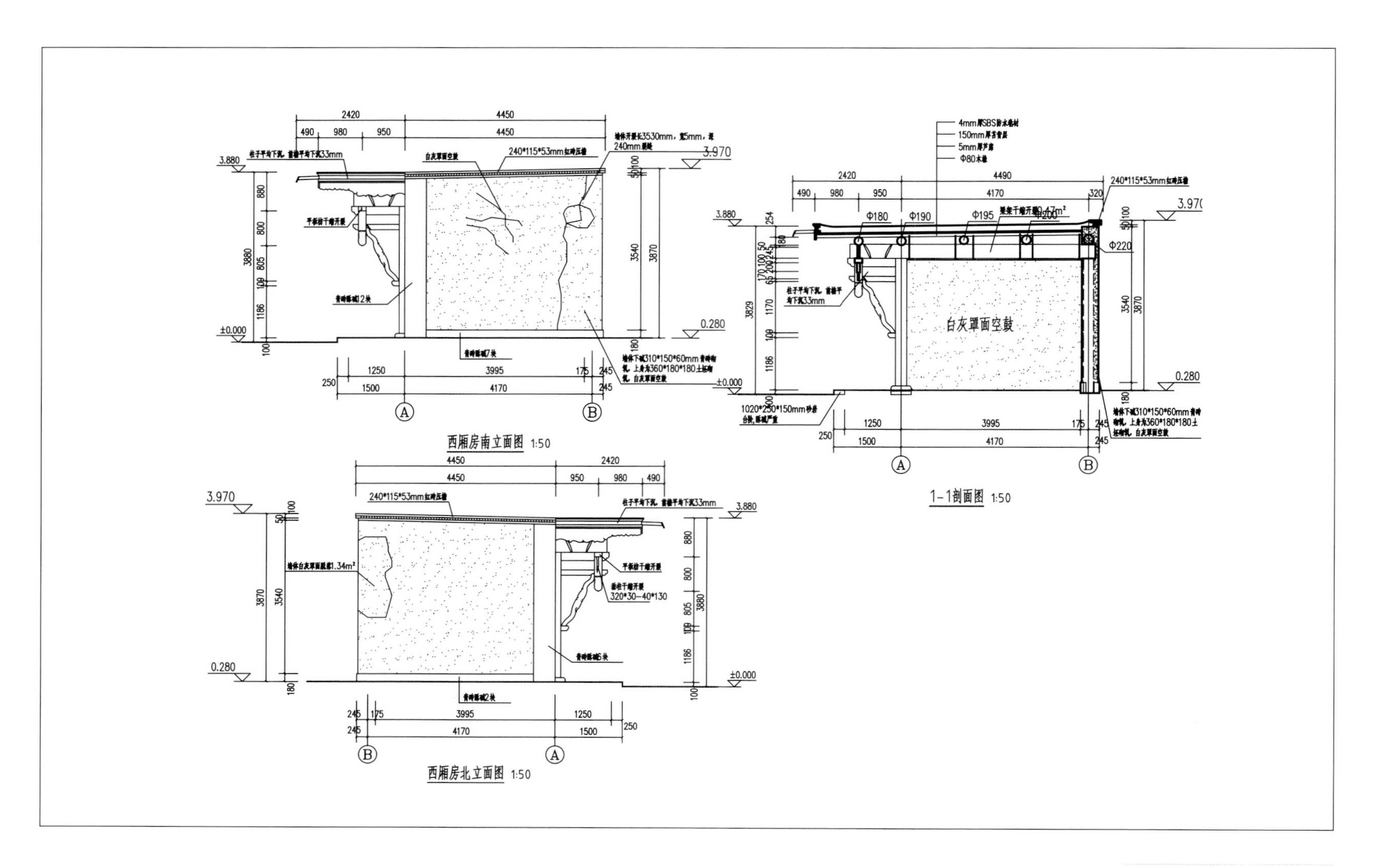
西厢房南立面图 1:50
1-1剖面图 1:50
白灰罩面空鼓
西厢房北立面图 1:50
240*115*53mm红砖压檐
3.970
3.880
0.280
±0.000

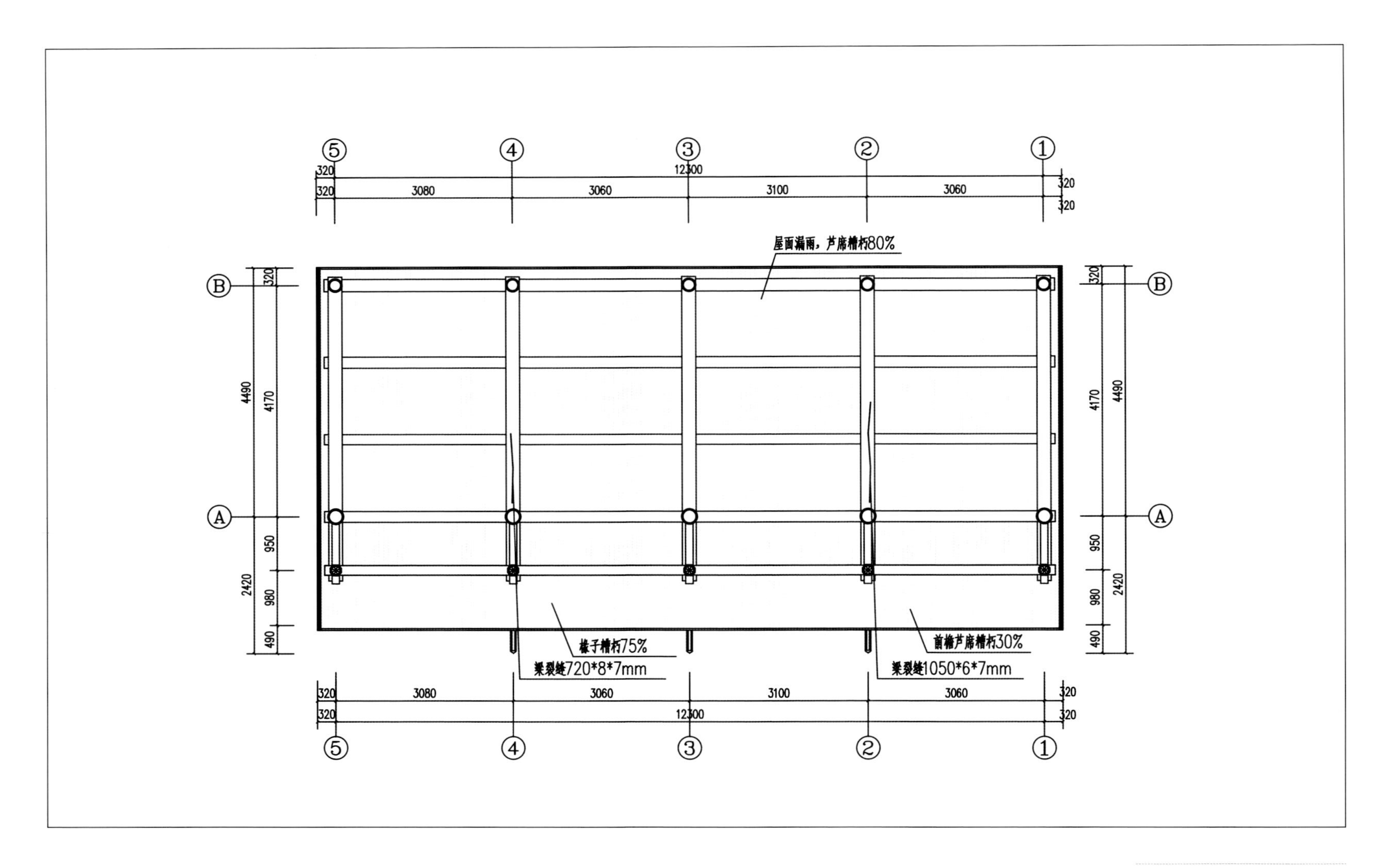

西厢房梁架仰视图

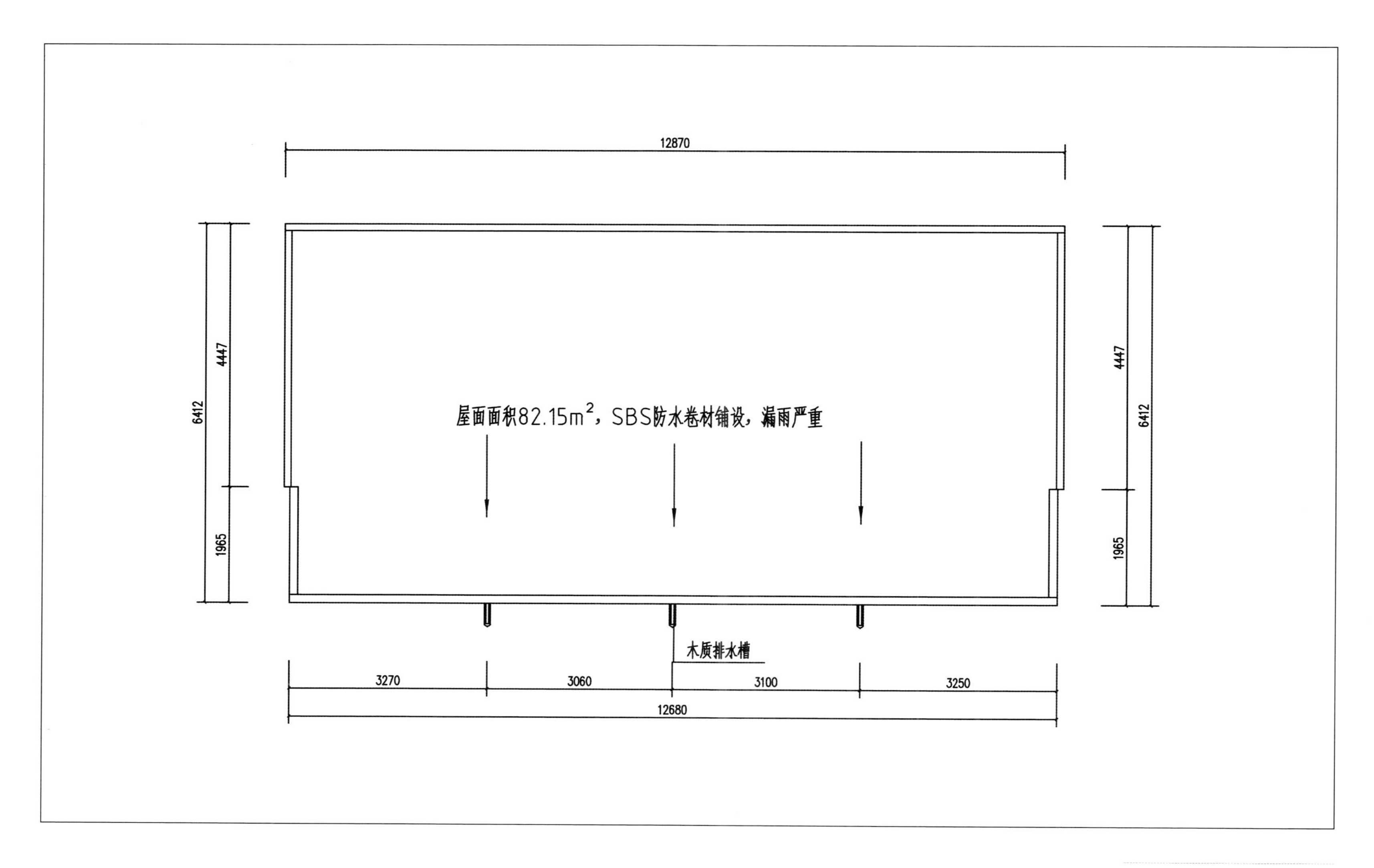
12870
6412
4447
1965
屋面面积82.15m²，SBS防水卷材铺设，漏雨严重
木质排水槽
3270
3060
3100
3250
12680

西厢房屋面俯视图

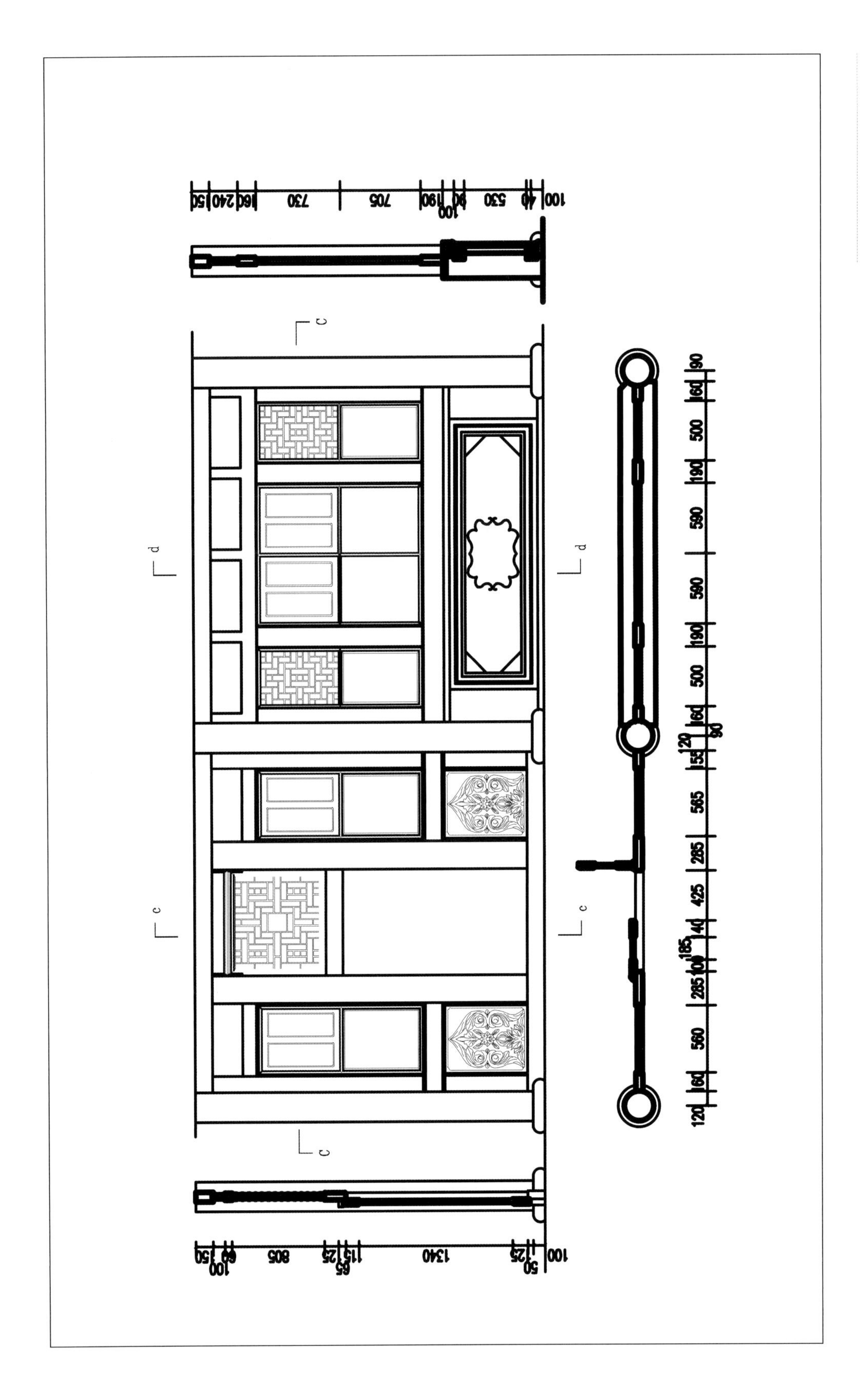

西厢房门窗大样图

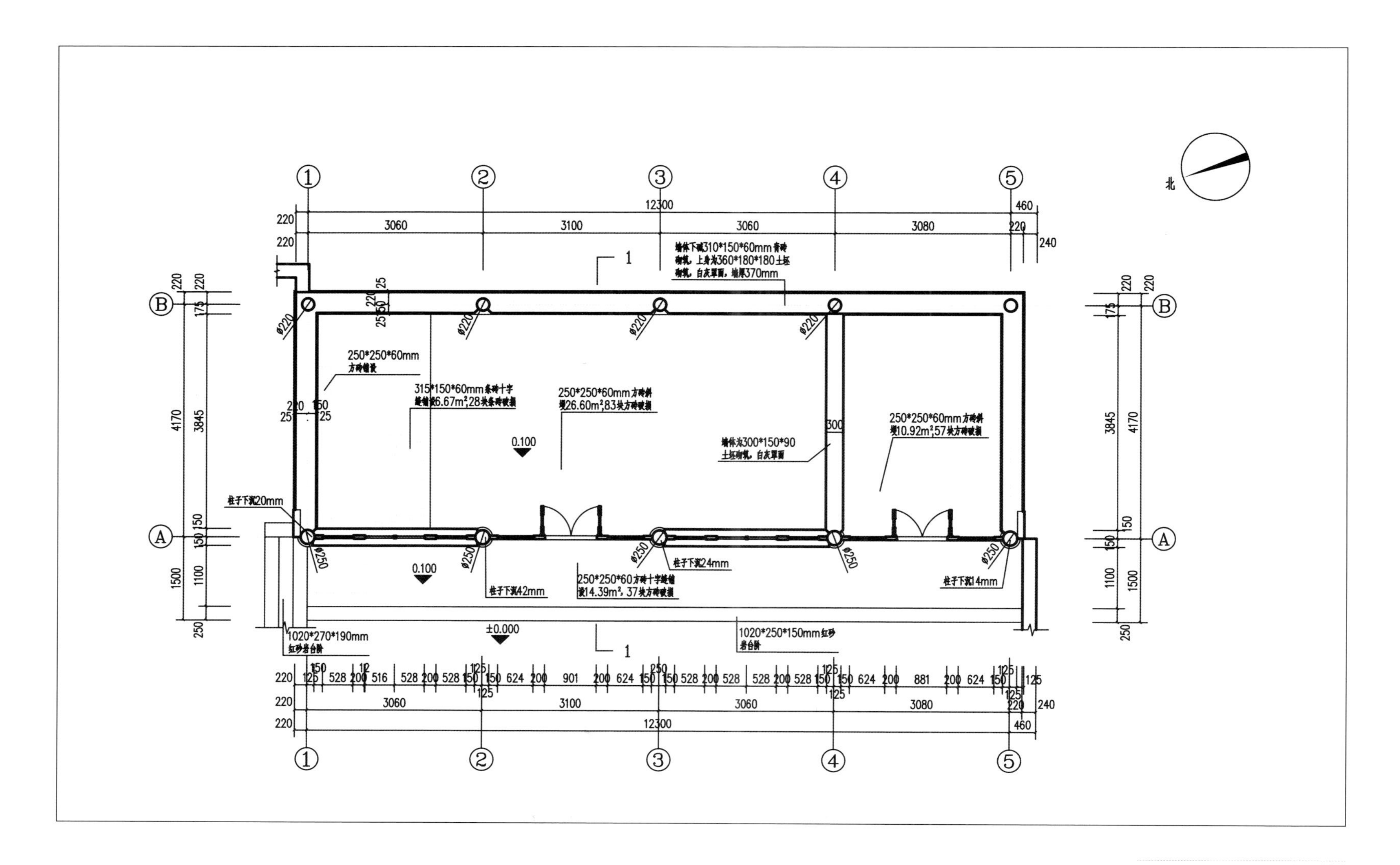
北
12300
3060
3100
3060
3080
墙体下碱310*150*60mm青砖砌筑，上身为360*180*180土坯砌筑，白灰罩面，墙厚370mm
250*250*60mm方砖铺设
315*150*60mm条砖十字缝铺设6.67m²,28块条砖破损
250*250*60mm方砖斜墁26.60m²,83块方砖破损
墙体为300*150*90土坯砌筑，白灰罩面
250*250*60mm方砖斜墁10.92m²,57块方砖破损
柱子下沉20mm
柱子下沉42mm
柱子下沉24mm
柱子下沉14mm
250*250*60方砖十字缝铺设14.39m², 37块方砖破损
1020*270*190mm红砂岩台阶
1020*250*150mm红砂岩台阶
0.100
±0.000
ø220
ø250

东厢房平面图

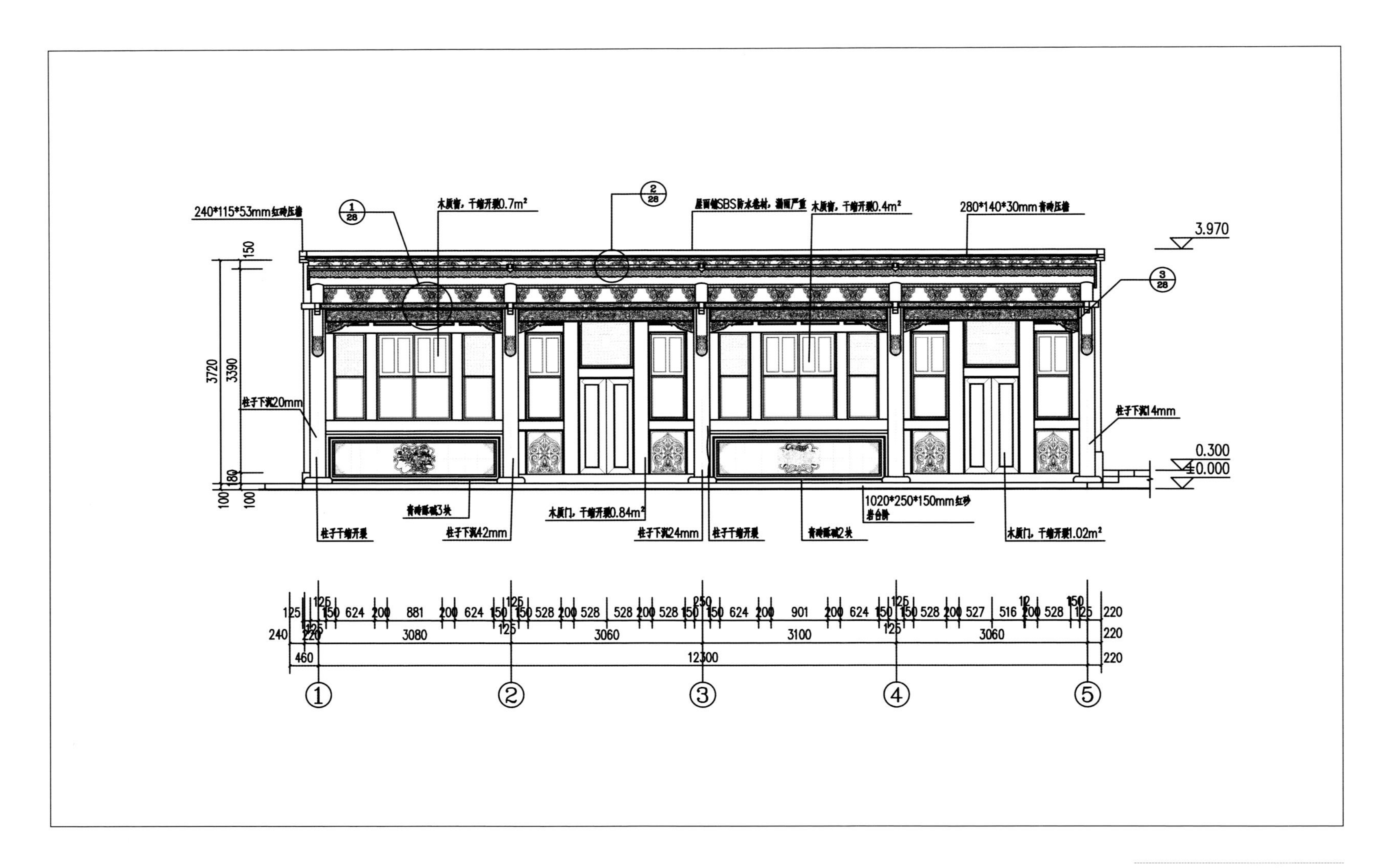
240*115*53mm红砖压檐
木质窗，干缩开裂0.7m²
屋面铺SBS防水卷材，漏雨严重
木质窗，干缩开裂0.4m²
280*140*30mm青砖压檐
3.970
0.300
±0.000
柱子下沉20mm
柱子下沉14mm
柱子干缩开裂
柱子下沉42mm
木质门，干缩开裂0.84m²
柱子下沉24mm
1020*250*150mm红砂岩台阶
木质门，干缩开裂1.02m²
3720
3390
12300
3080
3060
3100
3060

东厢房西立面图

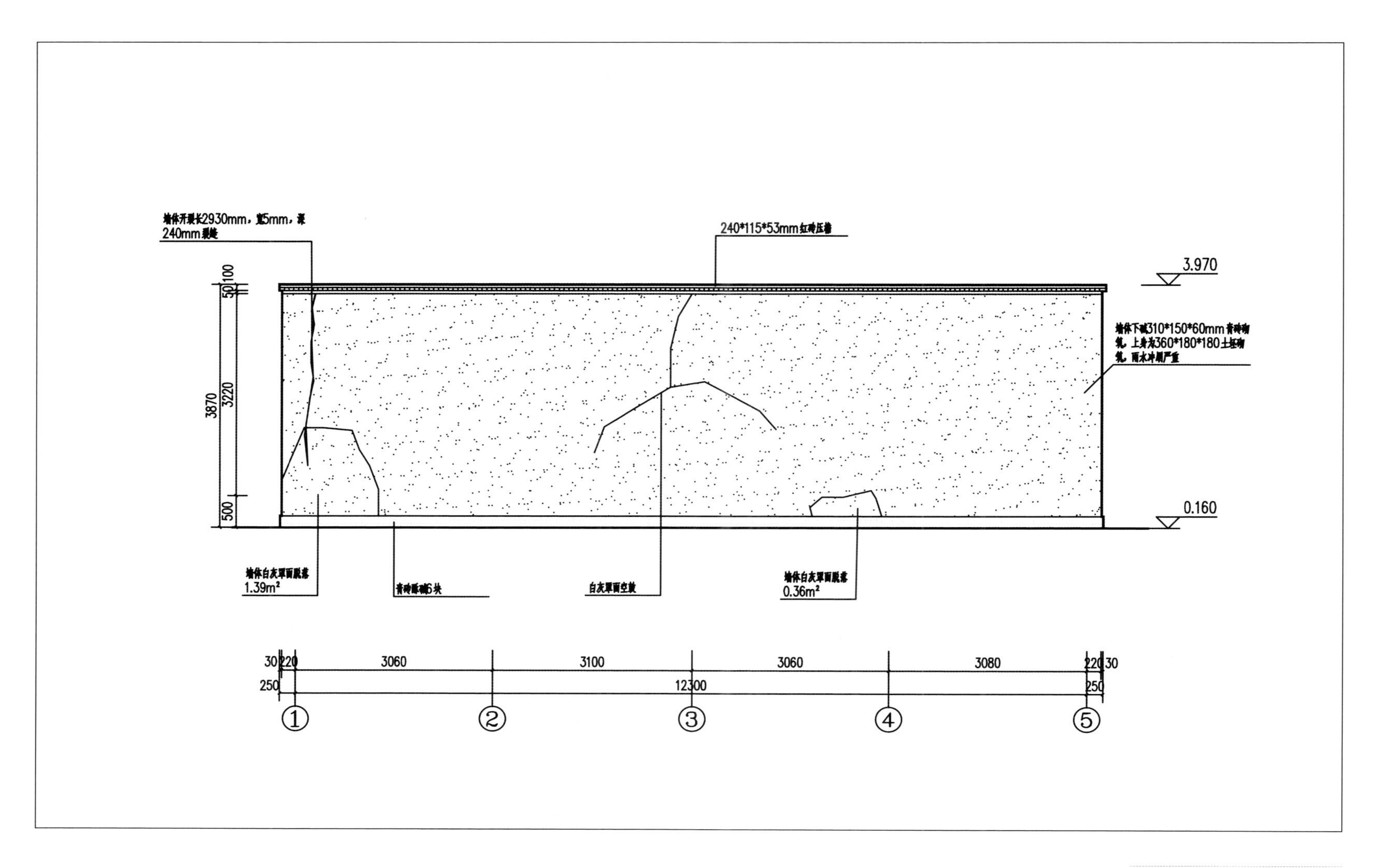
墙体开裂长2930mm，宽5mm，深240mm裂缝
240*115*53mm红砖压檐
3.970
墙体下碱310*150*60mm青砖砌筑，上身为360*180*180土坯砌筑，雨水冲刷严重
0.160
3870
3220
500
50
100
墙体白灰罩面脱落 1.39m²
青砖酥碱6块
白灰罩面空鼓
墙体白灰罩面脱落 0.36m²
30
220
3060
3100
3060
3080
220
30
250
12300
250
①
②
③
④
⑤

东厢房东立面图

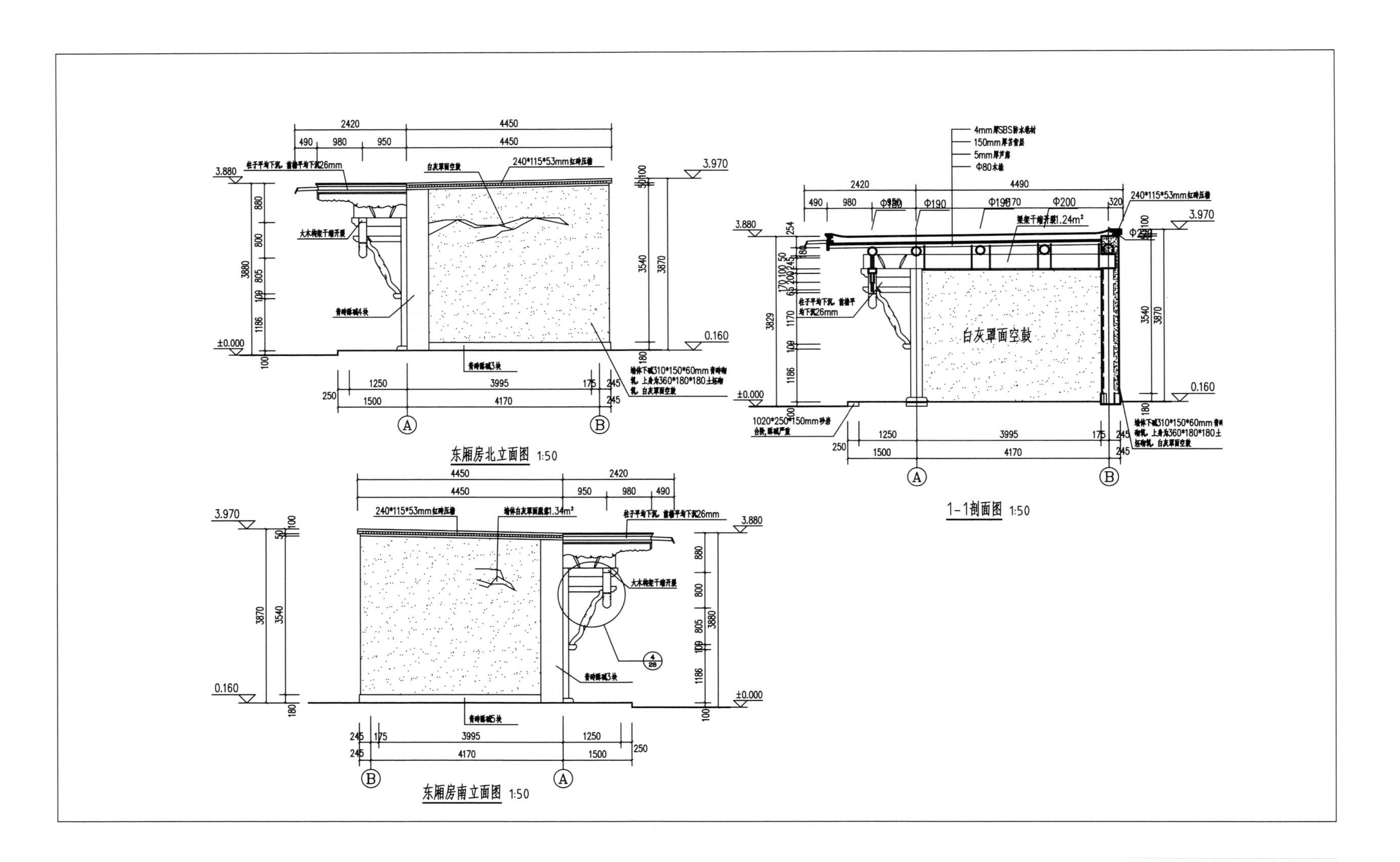

东厢房南、北立面图及剖面图

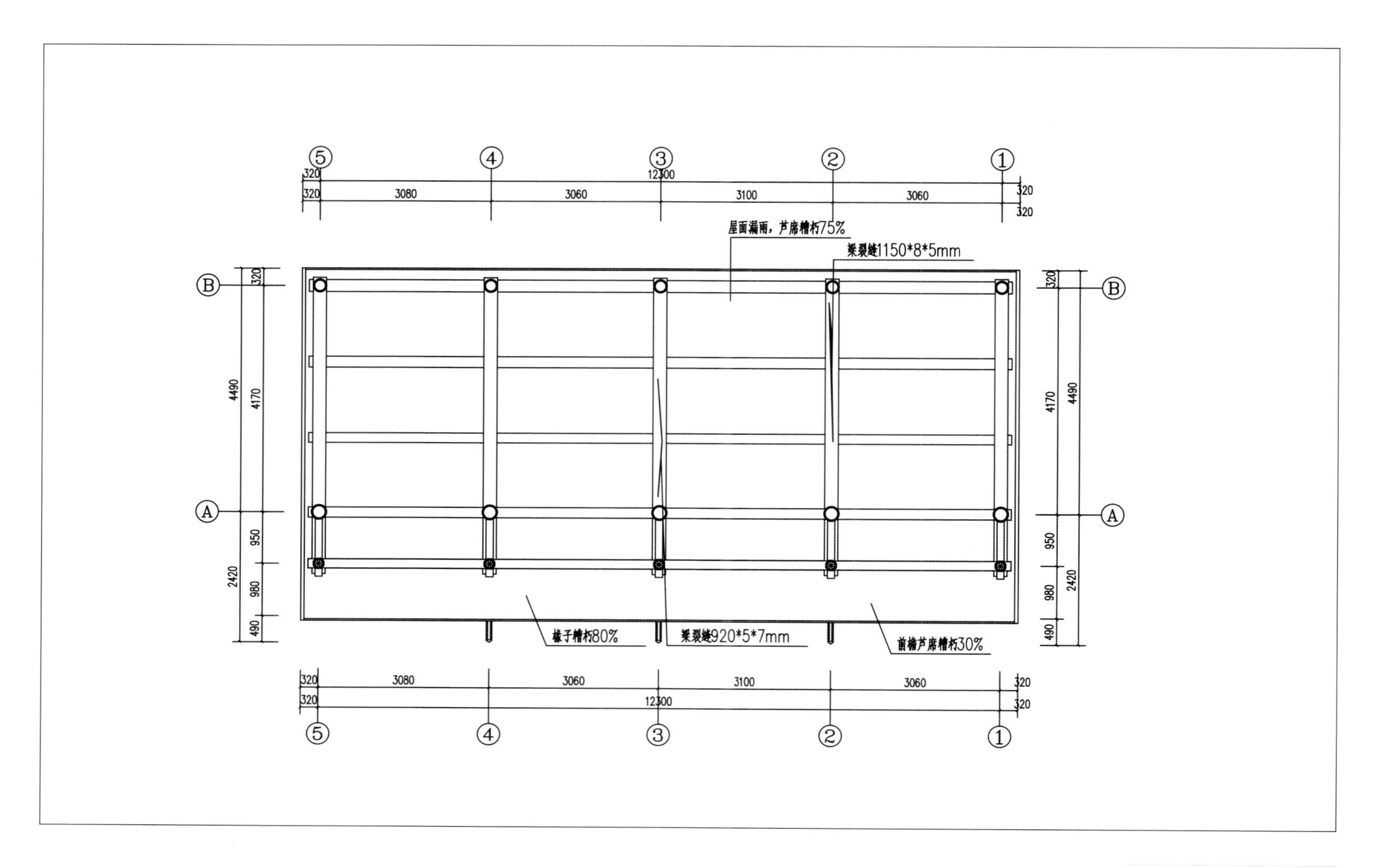
屋面漏雨，芦席糟朽75%
梁裂缝1150*8*5mm
椽子糟朽80%
梁裂缝920*5*7mm
前檐芦席糟朽30%
12300
3080
3060
3100
3060
320
4490
4170
2420
950
980
490
A
B
1
2
3
4
5

东厢房梁架俯视图

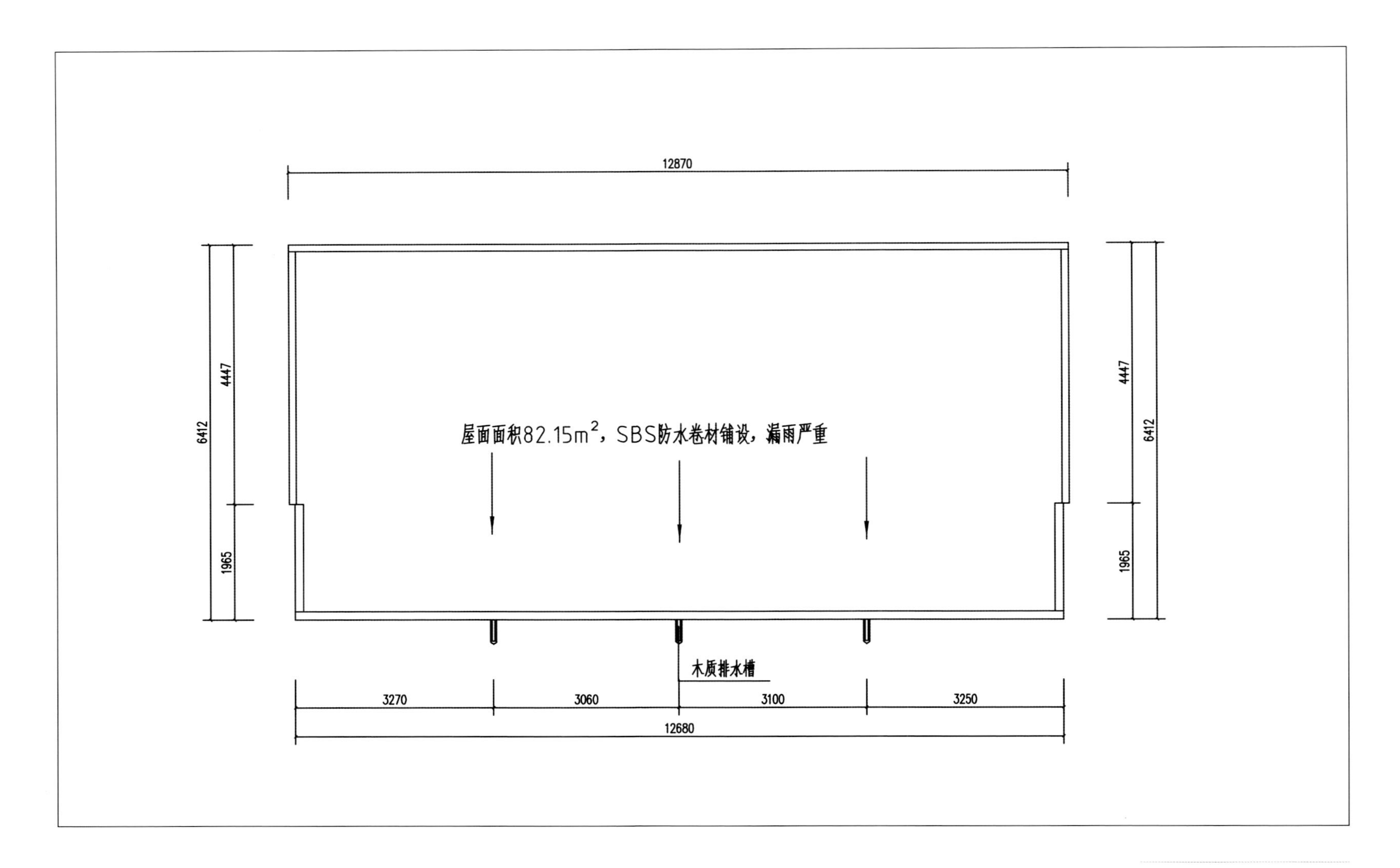

12870
6412
4447
1965
屋面面积82.15m²，SBS防水卷材铺设，漏雨严重
4447
6412
1965
木质排水槽
3270
3060
3100
3250
12680

东厢房屋面俯视图

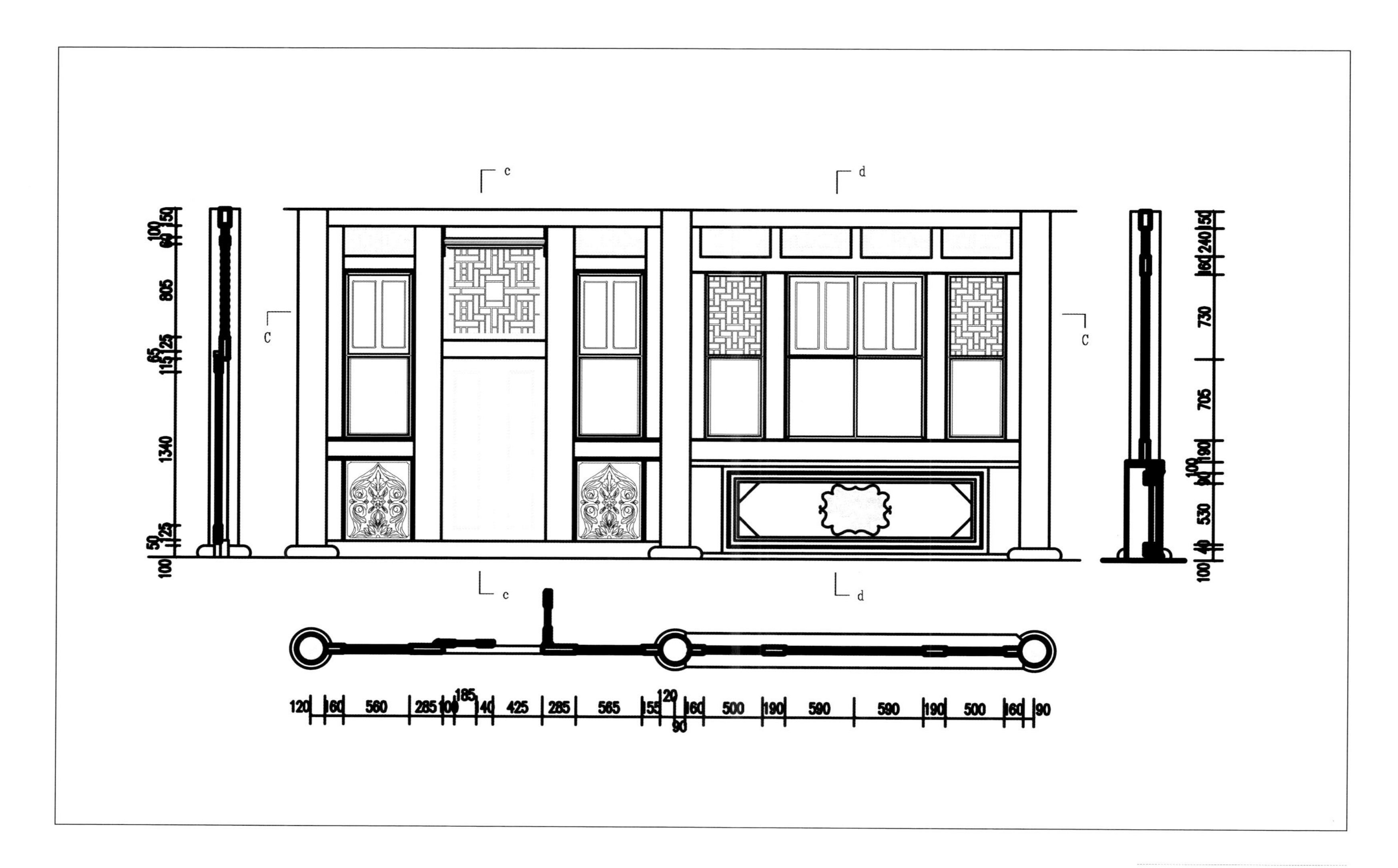
c
d
C
C
c
d
120 160 560 285 100 185 140 425 285 565 155 120 90 160 500 190 590 590 190 500 160 90
100 50 125 1340 115 65 125 805 60 100 50
100 40 530 90 100 190 705 730 160 240 50

东厢房门窗大样图

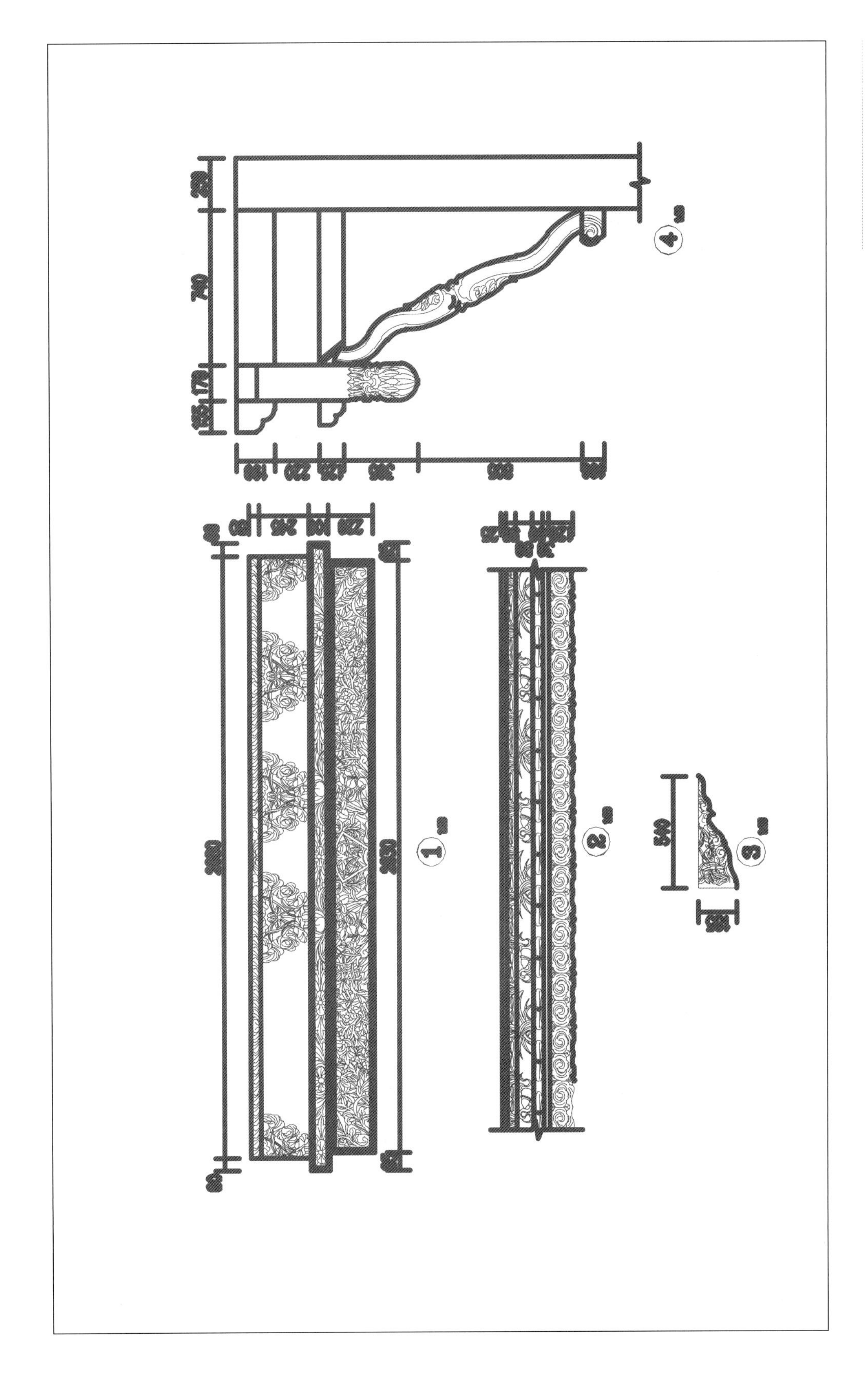

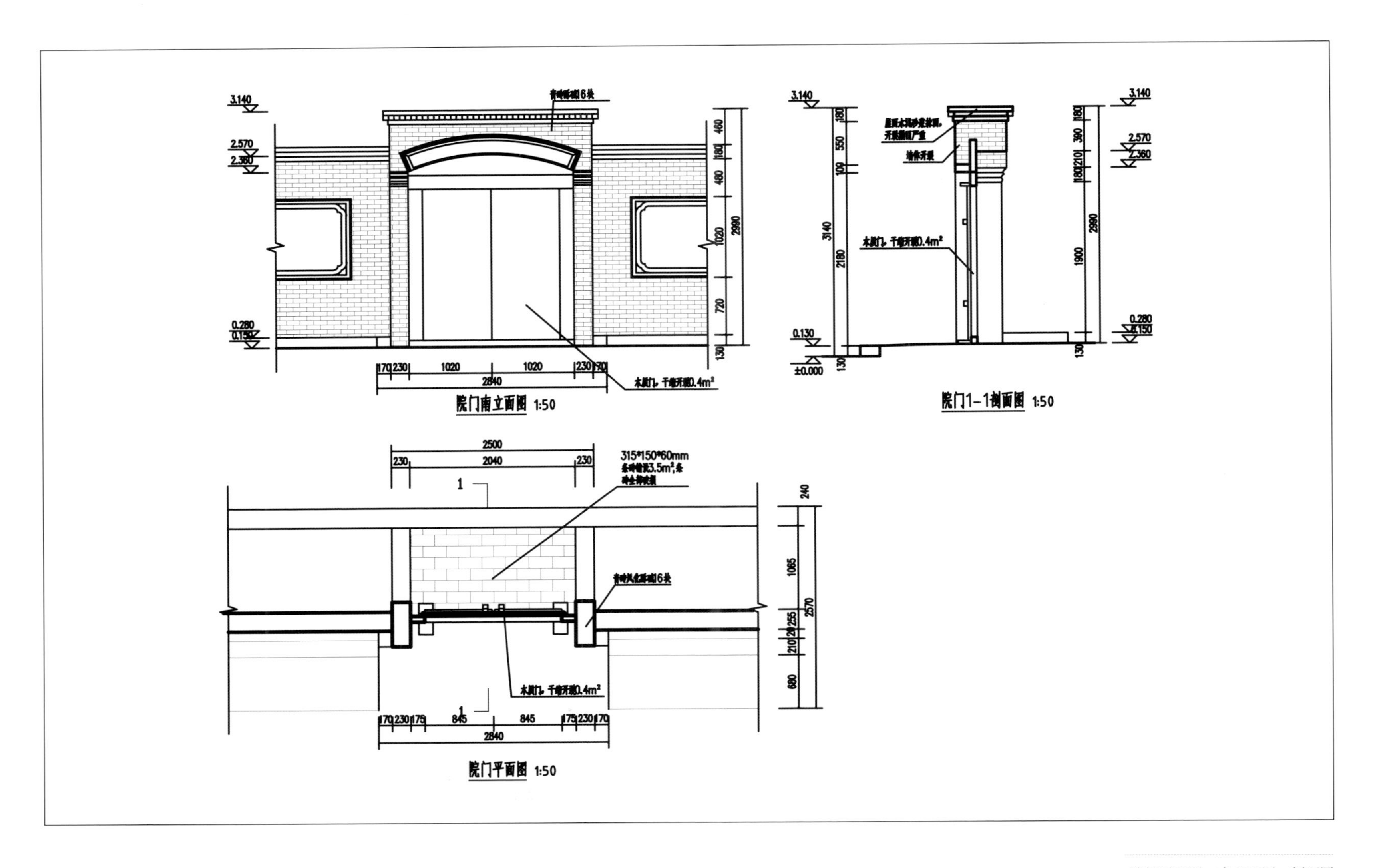
3.140
2.570
2.360
0.280
0.150
460
180
480
1020
720
130
2990
170
230
1020
2840
院门南立面图 1:50
3.140
0.130
±0.000
180
550
109
2180
3140
390
210
1900
院门1-1剖面图 1:50
2500
2040
230
315*150*60mm
1
240
1065
2570
255
210
680
175
845
院门平面图 1:50

修缮工程作业图

安全保障措施

打牮拨正

东厢房梁柱拨正

立柱墩接

地面铺设

立面木构件保护维修

墙基加固

墙面修缮

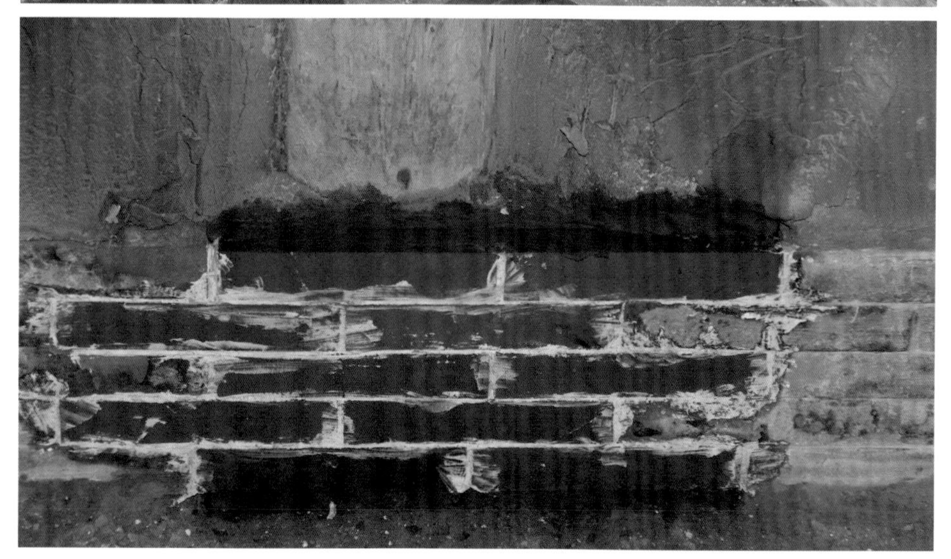

墙砖剔补

文物本体及环境保护措施

屋面制作

主要部位修缮工程前后对比图

院门及院墙

堂 屋

堂屋北墙

堂屋台明青条砖砌筑

堂屋东耳房台明青砖砌筑

堂屋前廊青方砖铺砌

堂屋室内地面方砖铺砌

堂屋西耳房室内地面铺砌

堂屋正面西侧槛墙砖雕

堂屋东耳房一角

室内屋顶

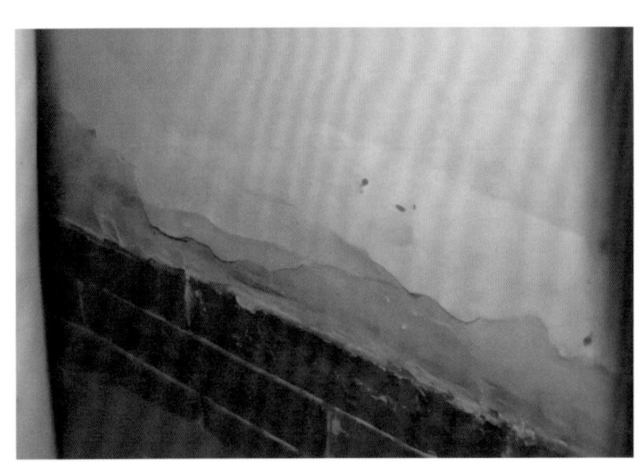

白灰罩面空鼓

北侧后墙开裂

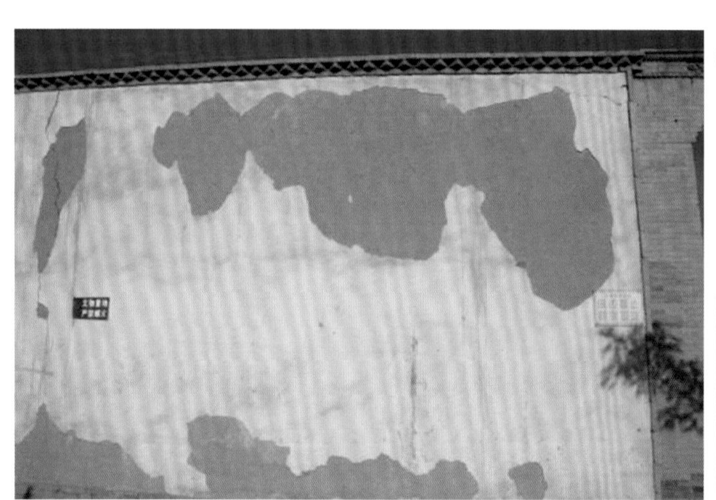

西侧山墙白灰面层脱落

堂屋东耳房门口柱顶石

堂屋夹道顶部芦席、椽子

堂屋前廊屋顶一角

堂屋前廊额枋、雀替补配

堂屋前檐口

堂屋前廊木构架

堂屋门

堂屋门木雕

堂屋门窗

堂屋西窗

堂屋西耳房门

堂屋西耳房窗

堂屋封檐砖

堂屋室内一侧

东厢房

东厢房门前阶条石

东厢房前廊铺地青砖

东厢房室内地砖

排水口漏雨

檐口芦席

木柱开裂

槛墙一角

室内屋顶

室内梁架

西厢房

西厢房门前阶条石

西厢房门前青砖铺设

室内地面砖铺设

雀替修补

院门砖栱

院门头一角

院门内侧地面

堂屋门前青砖铺设

院内坡道铺设

堂屋门前石阶

西厢房木雕斜梁垂柱

西厢房雕刻局部

窗　花

堂屋门窗雕饰

槛墙砖雕

西厢房窗扇雕饰

东厢房后墙

西厢房南山墙

廊下木雕

文博人员工作照片

吴忠市委原书记沈左权一行到马月坡寨子调研

吴忠市原市长吴玉才到马月坡寨子调研

吴忠市原副市长马和清调研马月坡寨子保护工作

吴忠市文体旅广局原局长李海东、原副局长范萍调研马月坡寨子毁损情况

吴忠市文旅体广局局长马丽红一行调研马月坡寨子修缮工程

自治区文保中心主任马建军偕相关专家现场解疑

自治区文保中心专家视察修缮工程

市文管所所长任淑芳与文管所业务人员检查施工进展情况

马月坡寨子修缮工程技术交底会

监理工作例会

建设方工作人员现场探讨施工中的环境保护

建设方、施工方、监理方实地研讨施工中的文物保护

设计方工程师与施工技术人员研讨修缮难题

设计人员现场解决修缮难题

施工方技术人员向建设方介绍工程施工计划

跟踪审计师现场审计隐蔽工程

建设方负责人查看屋顶毁损情况

建设方负责人检验毁损椽子

监理方现场测量屋顶草泥厚度

马月坡寨子修缮工程验收会

验收组专家查看资料

验收组专家查验院落施工

验收组专家查验屋内施工，商讨修缮难题

后记

古建筑是历史文化遗产的重要部分，是“陈列在大地上的遗产”，是我国优秀传统文化的重要代表，矗立在黄土高原上的文物建筑体现了独特的文化特质和深厚的人文内涵。吴忠市的古建筑保存下来的不多，主要是具有浓郁地方特色的古宅民居，马月坡寨子就是其中的典型。

马月坡寨子是吴忠地区仅存的民国时期堡寨式民居建筑，初建时规模较大，占地面积7200平方米，现仅存一处三合院和一段寨墙。采用我国北方三合院建筑的传统格局，坐北朝南，平顶，土木框架结构，上房由堂屋、东西耳房、夹道组成，下房由东、西厢房组成，门墙饰以精美的砖雕和木雕，民族特色浓郁，历史、艺术、科学价值很高。三合院历经百年，因自然、人为等因素，毁损严重，病害较多，修缮难度大，整修过程复杂。修缮工程始终坚持不改变文物原状的原则，尽可能使用原工艺、原做法、原材料，尽可能保留原有构件，确保各单体建筑修缮前后风格的一致性。如在屋面拆除维修时，原屋面因多次上房泥，房泥厚度达40厘米，并且在后期局部维修时加了现代防水材料。设计要求按照原屋面结构修复，并保持传统做法。怎么办？建设方及时调查当地屋面传统做法，并请专家现场会诊，经过多次研究，最后与设计方沟通确定采用当地传统做法，即苇席、苇帘、麦秸加三层草泥压实，取消现代防水材料SBS；又如院内廊柱有的基础下沉，有的木构朽蚀，恢复、更换时如何使屋架结构稳固、柱基加固灌注材料选用等都是难题，设计方、施工方经现场多次勘察、实验，逐一妥善解决，达到了预期目标。现将该工程概况和勘察、设计、施工、监理资料分析、整理，编写成书，名为《吴忠马月坡寨子修缮工程报告》。

为编写《吴忠马月坡寨子修缮工程报告》，吴忠市文物管理所成立了编写小组，任淑芳任组长，王海明、刘青、杨振、李秀琴及宁夏琢艺古建筑工程有限公司马振仁、胡伟容，河南园冶古建园林工程设计有限公司高小平，河北木石古代建筑设计有限公司温佛恩等为成员。

全书由序、五个篇章、附表和后记组成，任淑芳、王海明为总执笔人，任淑芳负责全书的框架结构。编写分工如下：

第一篇（第二、三章除外）、第二篇第三章、第三篇（全篇章）、第四篇（全篇章）、第五篇第一章由任淑芳编写。

第一篇第二、三章，第二篇（第三章除外）、第五篇（第二、三、四章）和附录由王海明编写。

宁夏回族自治区文物保护中心主任、文博研究员马建军为本书作序。

刘青、杨振、李秀琴负责照片整理和文字校对。

照片由刘青、杨成龙、胡伟容、王海明等拍摄和提供。

本报告是马月坡寨子修缮保护工程的总结，更是参与工程项目建设全体人员艰辛努力的结果。自治区文物局、文保中心，吴忠市文物主管部门在项目论证申报、资金落实等方面给予了极大的支持，自治区文保中心主任、专家组成员马建军等多次到马月坡寨子现场解决难题，河南园冶古建园林工程设计有限公司高小平等为马月坡寨子修缮工程倾注了心血，全体施工和监理人员在工程施工中付出了辛勤劳动和汗水。在本书成书过程中，宁夏琢艺古建筑工程有限公司马振仁、胡伟容，河北木石古代建筑设计有限公司温佛恩对工程技术资料的取舍给予无私指导，宁夏人民出版社编辑陈晶为此书的出版提供了许多帮助，在此谨向所有为马月坡寨子修缮保护和本书编辑出版工作作出贡献的单位、个人致以诚挚的谢意！

任淑芳

2021年12月